FORSCHUNGSBERICHTE DES LANDES NORDRHEIN-WESTFALEN

Nr. 1700

Herausgegeben
Im Auftrage des Ministerpräsidenten Dr. Franz Meyers
vom Landesamt für Forschung, Düsseldorf

Prof. Dr. rer. techn. Fritz Reutter

Dr. rer. nat. Otto Meltzow

Dipl.-Math. Siegfried Stief

Institut für Geometrie und Praktische Mathematik
an der Rhein.-Westf. Techn. Hochschule Aachen

Mathematische Untersuchungen zur Schalentheorie

Springer Fachmedien Wiesbaden GmbH

ISBN 978-3-663-06378-0   ISBN 978-3-663-07291-1 (eBook)

DOI 10.1007/978-3-663-07291-1

Verlags-Nr. 011700

© 1966 by Springer Fachmedien Wiesbaden

Ursprünglich erschienen bei Westdeutscher Verlag, Köln und Opladen 1966

Gesamtherstellung: Westdeutscher Verlag ·

Inhalt

Einleitung

Die Differentialgleichungen der Schalenstatik stellen ein kompliziertes System partieller Differentialgleichungen dar, und es gibt noch kein allgemeines Lösungsverfahren für beliebige Schalenformen, Belastungsfälle und Randbedingungen. Wohl sind in der Literatur schon vor längerer Zeit für eine ganze Reihe von einzelnen Problemen Lösungen gegeben worden. Hierzu zählen unter anderem die Zylinderschale, die Kegelschale, die Kugelschale, allgemeiner die Rotationsschalen der LOVE-MEISSNERschen Theorie und andere mehr. Aber schon die Berechnung einer Schale, deren Mittelfläche ein Stück einer Fläche zweiter Ordnung darstellt, bereitet erhebliche Schwierigkeiten.

Die vorliegende Arbeit will einen Beitrag zum Problem des Membranspannungszustandes von Schalen geben, deren Mittelfläche eine beliebige Fläche zweiter Ordnung darstellt. Ausgangspunkt der Überlegungen war die Tatsache, daß die Berechnung des Membranspannungszustandes einer Kugelschale bei der Nullbelastung, die seit längerem bekannt ist, auf die CAUCHY-RIEMANNschen Differentialgleichungen führt. Durch Einführung geeigneter Koordinaten lassen sich die Differentialgleichungen des Membranspannungszustandes auch für Schalen mit allgemeineren Mittelflächen auf die CAUCHY-RIEMANNschen Differentialgleichungen zurückführen. Verwendet man insbesondere sogenannte konjugiert-isometrische Parameter, so werden die Koeffizienten der mit den Ableitungen behafteten Glieder konstant und einander gleich bzw. entgegengesetzt gleich (I, 3). Versucht man nun noch, die Koeffizienten der ableitungsfreien Glieder des Differentialgleichungssystems zum Verschwinden zu bringen, so erhält man vier Bedingungsgleichungen zwischen den Koeffizienten des Maßtensors der Mittelfläche. Diese Gleichungen lassen sich erfüllen, wenn die Mittelfläche eine Fläche zweiter Ordnung darstellt (I, 4). Nun läßt es sich weiter erreichen, daß die so transformierten Differentialgleichungen des Membranspannungszustandes mit Hilfe der zweidimensionalen LAPLACE-Transformation unter gewissen Bedingungen geschlossen integriert werden können. Auf Grund der bei dieser Lösungsmethode sich einstellenden Bedingungen für die zulässigen Randwerte bei der $\mathfrak{L}^2$-Transformation ergeben sich Aussagen über behandelbare Aufgabenstellungen des entsprechenden Schalenproblems (II, 5). Als weiteres Verfahren zur Gewinnung formal geschlossener Lösungen bietet sich eine von I. N. VEKUA angegebene Methode an (II, 6).

Damit stehen Methoden bereit, die eine möglichst rationelle Berechnungsweise für eine ganze Klasse von Schalen für beliebige Belastungsfälle an Hand einer einzigen für die elektronische Rechnung geeigneten Rechenvorschrift erlauben. Eine Reihe von Anwendungen werden in (III.) gegeben.

I. Die Gleichgewichtsbedingungen des momentenfreien Spannungszustandes

1. Begriff der Schale, Definition der Schalengrößen und der Gleichgewichtszustand am Schalenelement

Trägt man von jedem Punkt P einer gekrümmten Fläche Ψ auf der Flächennormalen $\mathfrak{N}$ in positiver und negativer Richtung die Länge h ab und bezeichnet die Endpunkte der so festgelegten Strecke von der Länge $2\,h$ mit $\hat{P}$ und $\overline{P}$, so bildet die Gesamtheit der Punkte $\hat{P}$, $\overline{P}$ zwei weitere gekrümmte Flächen $\hat{\Psi}$, $\overline{\Psi}$. Denkt man sich den Raum zwischen ihnen materiell ausgefüllt, so erhält man eine Schale mit den Laibungen $\hat{\Psi}$ und $\overline{\Psi}$.

Die Fläche Ψ heißt Schalenmittelfläche. Ihre Vektorgleichung ist mit den Parametern u^1 und u^2 gegeben durch

$$\mathfrak{r} = \mathfrak{r}(u^1, u^2) = x(u^1, u^2)\,\mathfrak{e}_1 + y(u^1, u^2)\,\mathfrak{e}_2 + z(u^1, u^2)\,\mathfrak{e}_3. \tag{1.1}$$

Der Ortsvektor $\mathfrak{r}$ ist auf das orthonormierte Vektordreibein $\mathfrak{e}_1$, $\mathfrak{e}_2$, $\mathfrak{e}_3$, das mit den Achsen des kartesischen Koordinatensystems $0\,(x, y, z)$ zusammenfällt, bezogen.

Die Schalendicke $d = 2\,h$ kann konstant oder als Ortsfunktion $d = 2\,h(u^1, u^2)$ angenommen werden; sie soll jedoch gegenüber den sonstigen Ausmaßen der Schale klein sein (»dünne Schale«). Im folgenden wird stets $h = \text{const}$ angenommen.

Für den Ortsvektor eines beliebigen Punktes $P = P(u^1, u^2, t)$ zwischen oder auf den Laibungen, kurz als Schalenpunkt bezeichnet, gilt (s. Abb. 1)

$$\mathfrak{R}(u^1, u^2, t) = \mathfrak{r}(u^1, u^2) + t\mathfrak{N}(u^1, u^2); \quad |\mathfrak{N}(u^1, u^2)| = 1, -h \leqq t \leqq +h. \tag{1.2}$$

Schneidet man entlang den Begrenzungskurven $u^1 = \text{const}$, $u^2 = \text{const}$, $(u^1 + du^1) = \text{const}$, $(u^2 + du^2) = \text{const}$ eines beliebigen »Flächenelementes« der Schalenmittelfläche Ψ stets in Richtung der Flächennormalen $\mathfrak{N}(u^1, u^2)$ ein Stück aus der Schale heraus, so erhält man ein sogenanntes »Schalenelement« (s. Abb. 2).

Es mögen τ^{ik} $(i, k = 1, 2)$ bzw. $\tau^{i\,3}$ die in der Mittelfläche Ψ bzw. in Richtung der Flächennormalen $\mathfrak{N}(u^1, u^2)$ wirkenden Komponenten des Spannungstensors bezeichnen. In der Schalentheorie setzt man im allgemeinen $\tau^{33} = 0$, weil gefordert wird, daß senkrecht zur Schalenmittelfläche keine Dehnungen oder Verkürzungen auftreten. Auch die sonstigen bekannten Annahmen aus der Theorie dünner Schalen sollen hier gelten (vgl. z. B. [4] und [15]).

Die in der Schale liegenden Stücke der zu den Kurven $u^1 = \text{const}$, $(u^1 + du^1) = \text{const}$, $u^2 = \text{const}$, $(u^2 + du^2) = \text{const}$ gehörenden Flächennormalen der Mittelfläche Ψ bilden die seitlichen Schnittflächen des Schalenelementes (Abb. 2).

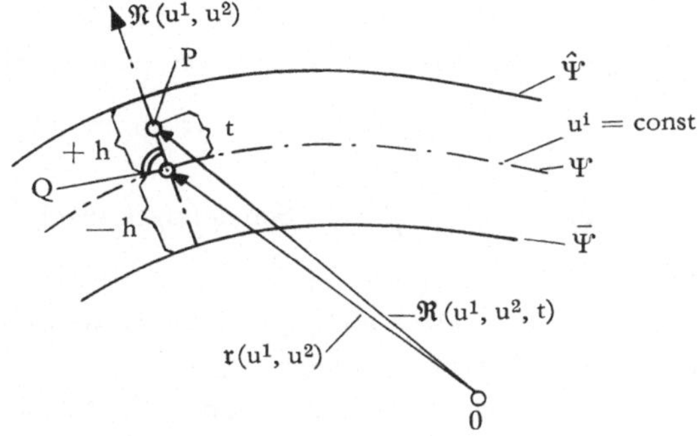

Abb. 1

In der zur Parameterlinie $u^i = \mathrm{const}$ gehörenden seitlichen Schnittfläche des Schalenelements wirkt der Spannungsvektor:

$$\mathfrak{t}_i = \left(\sigma^{ik} \frac{\partial \mathfrak{r}}{\partial u^k} + \tau^{i\,3} \mathfrak{R}(u^1, u^2) \right) \frac{1}{\sqrt{g^{ii}}} \tag{1.3}$$

mit der Größe

$$\sigma^{ik} = (\delta_l^k - t b_l^k)\, \tau^{il}; \; \delta_l^k = \begin{cases} 1 & \text{für } k = l \\ 0 & \text{für } k \neq l \end{cases}. \tag{1.4}$$

Dabei bezeichnen g^{ik} die kontravarianten Komponenten des Maßtensors der Schalenmittelfläche, b_{ik} die kovarianten Komponenten des zur zweiten Grundform (Grundform II) der Schalenmittelfläche gehörigen Tensors, $b_k^i = g^{i\,1} b_{1\,k} + g^{i\,2} b_{2\,k}$ die »gemischten« Komponenten dieses Tensors, t bezeichnet den Abstand irgendeines Punktes (s. Abb. 1) der Schale von der Mittelfläche. Mit Hilfe von (1.4) werden die am Schalenelement wirkenden Schnittgrößen als kontravariante Tensorkomponenten folgendermaßen definiert:

Längskrafttensor:
$$n^{ik} = \int_{-h}^{+h} \sigma^{ik} Z\, dt; \quad i, k = 1, 2 \tag{1.5}$$

Momententensor:
$$m^{ik} = \int_{-h}^{+h} t \sigma^{ik} Z\, dt; \quad i, k = 1, 2 \tag{1.6}$$

Querkrafttensor:
$$q^i = \int_{-h}^{+h} \tau^{i\,3} Z\, dt; \quad i \quad = 1, 2 \tag{1.7}$$

Belastungsvektor: $\quad X^k, X^3; \qquad k \quad = 1, 2. \tag{1.8}$

Hierin bedeutet Z die Invariante

$$Z = \sqrt{\frac{|g_{ik}|}{|G_{ik}|}} = (1 - 2\,t\,H + t^2 K), \tag{1.9}$$

wobei folgende aus der Differentialgeometrie bekannte Größen auftreten:
Die kovarianten Komponenten des Maßtensors der Schalenmittelfläche g_{ik} und

des Maßtensors der Schale G_{ik}, die GAUSSsche Krümmung $K = \dfrac{1}{R_1 R_2}$ und die

mittlere Krümmung $2H = \dfrac{1}{R_1} + \dfrac{1}{R_2}$ der Schalenmittelfläche. Die Einführung

der Schnittgrößen (1.5)–(1.7) gestattet die weitere Behandlung von Schalenproblemen als zweidimensionale Probleme, weil man damit alle folgenden Untersuchungen auf die Schalenmittelfläche beziehen kann.
Gleichgewicht am Schalenelement besteht, wenn die Resultierende aller am
Schalenelement angreifenden inneren und äußeren Kräfte sowie das resultierende
Moment verschwinden. Überträgt man die Tensoren und die Kräfte, die in den
dem Punkte $P(u^1, u^2)$ benachbarten Punkten $P(u^1 + du^1; u^2)$, $P(u^1; u^2 + du^2)$
am Schalenelement (s. Abb. 2) angreifen, nach der Übertragungsvorschrift des
»absoluten Parallelismus« längs der Kurven $u^2 = $ const bzw. $u^1 = $ const in den
Punkt $P(u^1, u^2)$ und bildet jeweils die Summen aller somit im Punkte $P(u^1, u^2)$
wirkenden Tensoren und Kräfte ([13], [16]), so führt die Forderung nach dem

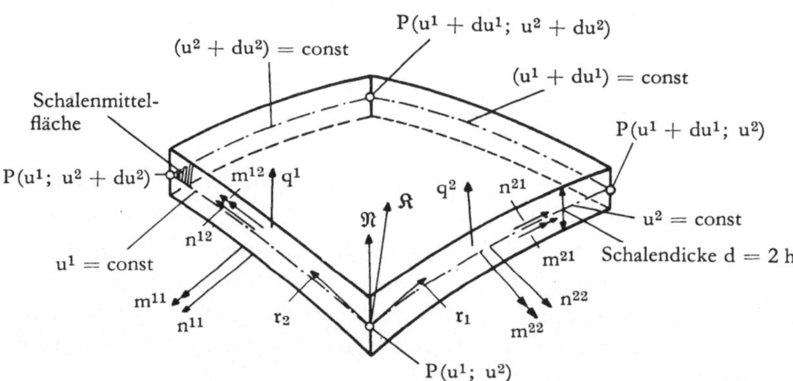

Abb. 2

Verschwinden der Resultierenden zusammen mit den Grenzübergängen $du^1 \to 0$,
$du^2 \to 0$ auf die Gleichgewichtsbedingungen der Schale. So erhält man die allgemeinen Gleichgewichtsbedingungen in Form eines Systems von sechs gekoppelten partiellen Differentialgleichungen für die zehn (bzw. acht) »Schnittfunktionen« (vgl. z. B. [15])

$$n^{ik} = n^{ik}(u^1, u^2), \quad m^{ik} = m^{ik}(u^1, u^2), \quad q^i = q^i(u^1, u^2):$$

$$n^{ik}|_i - b_i^k q^i + X^k = 0$$

$$n^{ik} b_{ik} + q^i|_i + X^3 = 0 \qquad (i, k = 1, 2) \qquad (1.10)$$

$$m^{ik}|_i - q^k = 0$$

$$\varepsilon_{ik}(n^{ik} - b_l^i n^{lk}) = 0.$$

10

In (1.10) ist über jeden Index, der gleichzeitig hoch- und tiefgestellt auftritt, zu summieren (EINSTEINsche Summenkonvention). Es bezeichnen ε_{ik} den »schiefsymmetrischen Tensor der Mechanik« ([7], S. 377 ff.),

$$n^{ik}|_l = \frac{\partial n^{ik}}{\partial u^l} + n^{rk}\Gamma_{rl}^{i} + n^{ir}\Gamma_{rl}^{k}$$

die kovariante Ableitung des Tensors n^{ik} und Γ_{ik}^{l} die CHRISTOFFELsymbole zweiter Art der Schalenmittelfläche.

Die Gleichungen (1.10) reichen bekanntlich im allgemeinen ohne Hinzunahme eines Elastizitätsgesetzes nicht zur Bestimmung dieser zehn Funktionen aus, da sie nur den Gleichgewichtszustand der Schale charakterisieren. Das System ist also im allgemeinen statisch unbestimmt. Es gibt jedoch einen Sonderfall, bei dem sich Anzahl der unbekannten Funktionen soweit reduziert, daß das verbleibende Differentialgleichungssystem zur Bestimmung der Funktionen ausreicht. Dies ist der momenten- und querkraftfreie Fall, der sogenannte Membranspannungszustand einer Schale, der durch das System (1.10) allein bestimmt (vgl. z. B. [4]) ist.

2. Der Membranspannungszustand

Der Membranspannungszustand ist durch das Verschwinden der Momente sowie der Querkräfte gekennzeichnet. Auf Grund dieser Forderungen sind die Schalen innerhalb der Membrantheorie als starre und nicht verbiegbare (deformierbare) Systeme zu behandeln, wodurch den Randwerten einschränkende Bedingungen auferlegt werden (vgl. 8 und 9).

Mit den Forderungen

$$m^{ik} = 0, \tag{2.1}$$
$$q^{i} = 0$$

erfährt das System (1.10) eine erhebliche Vereinfachung:

$$n^{ik}|_i + X^k = 0, \tag{2.2}$$
$$n^{ik} b_{ik} + X^3 = 0.$$

Den drei unbekannten Funktionen n^{11}, $n^{12} = n^{21}$, n^{22} stellt (2.2) drei Gleichungen gegenüber, so daß jene bei geeigneter Formulierung der Randbedingungen eindeutig bestimmbar sind. Das System (2.2) hat, weil $n^{12} = n^{21}$ ist, nach Ausführung der kovarianten Ableitung des Tensors n^{ik} die ausführliche Gestalt:

$$\frac{\partial n^{11}}{\partial u^1} + \frac{\partial n^{12}}{\partial u^2} + [2\,\Gamma_{11}^{1} + \Gamma_{12}^{2}]\,n^{11} + [3\,\Gamma_{12}^{1} + \Gamma_{22}^{2}]\,n^{12} + \Gamma_{22}^{1} n^{22} + X^1 = 0,$$
$$\tag{2.3}$$
$$\frac{\partial n^{12}}{\partial u^1} + \frac{\partial n^{22}}{\partial u^2} + [3\,\Gamma_{12}^{2} + \Gamma_{11}^{1}]\,n^{12} + \Gamma_{11}^{2} n^{11} + [\Gamma_{12}^{1} + 2\,\Gamma_{22}^{2}]\,n^{22} + X^2 = 0,$$

$$n^{11} b_{11} + 2\,n^{12} b_{12} + n^{22} b_{22} + X^3 = 0.$$

3. Der Fall, daß sich die Differentialgleichungen des Membranspannungszustandes auf solche mit konstanten Koeffizienten bringen lassen

Die dritte Gleichung aus (2.3) gestattet die Elimination irgendeiner der drei Funktionen n^{11}, n^{12}, n^{22} aus der ersten und zweiten der Differentialgleichungen (2.3). Es liegt nahe zu versuchen, ob durch Wahl geeigneter Parameter bei dieser Elimination die Koeffizienten der partiellen Ableitungen zu Konstanten werden können. Nach bekannten Sätzen der Differentialgeometrie ([2], S. 135) kann man auf Flächen mit dem Gaussschen Krümmungsmaß $K \neq 0$ stets ein Netz von konjugiert-isometrischen Parametern bestimmen, für die bezüglich der zweiten Grundform folgende Eigenschaften gelten:

$$b_{11} = \quad b_{22} = \bar{b} \quad \text{für} \quad K > 0,$$

$$b_{12} = b_{21} = 0,$$

$$b_{11} = -\, b_{22} = \bar{b} \quad \text{für} \quad K < 0. \tag{3.1}$$

Führt man nun konjugiert-isometrische Parameter u^1, u^2 in (2.3) ein, so erhält man für Schalenmittelflächen mit $K > 0$ sowie $K < 0$ vermöge der Beziehung

$$n^{22} = \mp \left(n^{11} + \frac{1}{\bar{b}}\, X^3 \right) \tag{3.1a}$$

die beiden folgenden Typen von Differentialgleichungssystemen:

a) $K > 0$:

$$\frac{\partial n^{11}}{\partial u^1} + \frac{\partial n^{12}}{\partial u^2} + [2\,\Gamma^1_{11} + \Gamma^2_{12} - \Gamma^1_{22}]\, n^{11} + [3\,\Gamma^1_{12} + \Gamma^2_{22}]\, n^{12} + F_2 = 0.$$

$$\frac{\partial n^{12}}{\partial u^1} - \frac{\partial n^{11}}{\partial u^2} + [3\,\Gamma^2_{12} + \Gamma^1_{11}]\, n^{12} + [\Gamma^2_{11} - \Gamma^1_{12} - 2\,\Gamma^2_{22}]\, n^{11} + F_1 = 0, \tag{3.2}$$

mit

$$F_1(u^1, u^2) = X^2 \mp \frac{1}{\bar{b}}\, (\Gamma^1_{12} + 2\,\Gamma^2_{22})\, X^3 \mp \frac{\partial}{\partial u^2}\left(\frac{X^3}{\bar{b}}\right),$$

$$F_2(u^1, u^2) = X^1 \mp \frac{1}{\bar{b}}\, \Gamma^1_{22} X^3; \tag{3.3}$$

b) $K < 0$:

$$\frac{\partial n^{11}}{\partial u^1} + \frac{\partial n^{12}}{\partial u^2} + [2\,\Gamma^1_{11} + \Gamma^2_{12} + \Gamma^1_{22}]\, n^{11} + [3\,\Gamma^1_{12} + \Gamma^2_{22}]\, n^{12} + F_2 = 0$$

$$\frac{\partial n^{12}}{\partial u^1} + \frac{\partial n^{11}}{\partial u^2} + [3\,\Gamma^2_{12} + \Gamma^1_{11}]\, n^{12} + [\Gamma^2_{11} + \Gamma^1_{12} + 2\,\Gamma^2_{22}]\, n^{11} + F_1 = 0. \tag{3.4}$$

(3.2) ist ein System partieller Differentialgleichungen vom elliptischen, (3.4) eines vom hyperbolischen Typus.

Für die folgenden Untersuchungen werden vorübergehend die Funktionen (3.3) $F_1(u^1, u^2)$, $F_2(u^1, u^2)$, die die verschiedenen Belastungsfälle charakterisieren, gleich Null gesetzt. Die Gleichungen (3.2) bzw. (3.4) sind erst dann Differentialgleichungen mit konstanten Koeffizienten, wenn die vier eckigen Klammerausdrücke bei n^{11}, n^{12} Konstanten oder im günstigsten Falle Null werden.

Es sollen die Bedingungen, die an die Art der Mittelfläche durch die Forderung des Verschwindens der Klammern gestellt werden, untersucht werden.

Da die CHRISTOFFELsymbole Γ_{ik}^l die Fundamentalgrößen g_{11}, g_{12}, g_{22} nebst deren ersten partiellen Ableitungen enthalten, würde das Verschwinden der vier Klammerausdrücke auf ein System von vier Differentialgleichungen für die drei Funktionen g_{11}, g_{12}, g_{22} führen, wodurch im allgemeinen eine Überbestimmtheit dieser drei Funktionen vorliegen würde.

Die Einführung eines Multiplikators $\sigma(u^1, u^2)$ in die Gleichung (3.2) erlaubt eine Untersuchung der Frage, welchen Bedingungen die g_{ik} unterliegen, damit diese vier Differentialgleichungen verträglich sind. Nach einigen Umformungen erhält man:

$$\frac{\partial(\sigma n^{11})}{\partial u^1} + \frac{\partial(\sigma n^{12})}{\partial u^2} + \left\{[2\,\Gamma_{11}^1 + \Gamma_{12}^2 - \Gamma_{22}^1]\,\sigma - \frac{\partial\sigma}{\partial u^1}\right\} n^{11} +$$

$$+ \left\{[3\,\Gamma_{12}^1 + \Gamma_{22}^2]\,\sigma - \frac{\partial\sigma}{\partial u^2}\right\} n^{12} = 0 \qquad (3.5)$$

$$\frac{\partial(\sigma n^{12})}{\partial u^1} - \frac{\partial(\sigma n^{11})}{\partial u^2} + \left\{[\Gamma_{11}^2 - 2\,\Gamma_{22}^2 - \Gamma_{12}^1]\,\sigma + \frac{\partial\sigma}{\partial u^2}\right\} n^{11} +$$

$$+ \left\{[3\,\Gamma_{12}^2 + \Gamma_{11}^1]\,\sigma - \frac{\partial\sigma}{\partial u^1}\right\} n^{12} = 0.$$

Damit ein Multiplikator $\sigma(u^1, u^2)$ existiert bei gleichzeitigem Verschwinden der Ausdrücke in den vier geschweiften Klammern, müssen die folgenden partiellen Differentialgleichungen für $\sigma = \sigma(u^1, u^2)$ ein gemeinsames Integral besitzen:

$$[2\,\Gamma_{11}^1 + \Gamma_{12}^2 - \Gamma_{22}^1]\,\sigma - \frac{\partial\sigma}{\partial u^1} = 0$$

$$\qquad (3.6)$$

$$[3\,\Gamma_{12}^2 + \Gamma_{11}^1]\,\sigma - \frac{\partial\sigma}{\partial u^1} = 0;$$

$$[3\,\Gamma_{12}^1 + \Gamma_{22}^2]\,\sigma - \frac{\partial\sigma}{\partial u^2} = 0$$

$$\qquad (3.7)$$

$$[\Gamma_{11}^2 - 2\,\Gamma_{22}^2 - \Gamma_{12}^1]\,\sigma + \frac{\partial\sigma}{\partial u^2} = 0.$$

Es ergeben sich zunächst folgende zwei Bedingungen:

$$2\,\Gamma^2_{12} + \Gamma^1_{22} - \Gamma^1_{11} = 0, \qquad (3.8)$$

$$2\,\Gamma^1_{12} + \Gamma^2_{11} - \Gamma^2_{22} = 0. \qquad (3.9)$$

Schalenmittelflächen, deren Maßtensor g_{ik} diesen beiden Bedingungen (3.8) und (3.9) genügt, gestatten die Zurückführung der Gleichgewichtsbedingungen auf die CAUCHY-RIEMANNschen Differentialgleichungen, wenn die Differentialgleichungen (3.6) und (3.7) dieselbe Funktion $\sigma(u^1, u^2)$ zur Lösung haben.
Nun folgen aus (3.6), (3.7) durch Addition der beiden Gleichungen (3.6) bzw. Subtraktion der beiden Gleichungen (3.7), die beiden Differentialgleichungen:

$$\frac{2}{\sigma}\,\frac{\partial\sigma}{\partial u^1} = 3\,\Gamma^1_{11} + 4\,\Gamma^2_{12} - \Gamma^1_{22}, \qquad (3.10)$$

$$\frac{2}{\sigma}\,\frac{\partial\sigma}{\partial u^2} = 3\,\Gamma^2_{22} + 4\,\Gamma^1_{12} - \Gamma^2_{11}. \qquad (3.11)$$

Die in der Differentialgeometrie bekannten Gleichungen von MAINARDI-CODAZZI haben bezüglich der konjugiert-isometrischen Parameter u^1, u^2 die Form:

$$\frac{\partial\bar{b}}{\partial u^1} = (\Gamma^2_{12} - \Gamma^1_{22})\,\bar{b},$$

$$\frac{\partial\bar{b}}{\partial u^2} = (\Gamma^1_{12} - \Gamma^2_{11})\,\bar{b}; \qquad (3.12)$$

aus der man für die Größe $\bar{b}$ noch die logarithmischen Ableitungen

$$\frac{\partial}{\partial u^1}\ln\bar{b} = \Gamma^2_{12} - \Gamma^1_{22},$$

$$\frac{\partial}{\partial u^2}\ln\bar{b} = \Gamma^1_{12} - \Gamma^2_{11} \qquad (3.13)$$

gewinnen kann.

Mit den Gleichungen (3.13) und der bekannten Beziehung

$$\Gamma^\mu_{\mu i} = \frac{\partial}{\partial u^i}\ln\sqrt{g} \qquad (3.13\,\mathrm{a})$$

gestatten die Gleichungen (3.10), (3.11) folgende Umformung:

$$2\,\frac{\partial\ln\sigma}{\partial u^1} = 3\,\frac{\partial}{\partial u^1}\ln\sqrt{g} + \frac{\partial}{\partial u^1}\ln\bar{b}, \qquad (3.14)$$

$$2\,\frac{\partial\ln\sigma}{\partial u^2} = 3\,\frac{\partial}{\partial u^2}\ln\sqrt{g} + \frac{\partial}{\partial u^2}\ln\bar{b}. \qquad (3.15)$$

Die Integration der Gleichungen (3.14), (3.15) bezüglich der Variablen u^1 sowie u^2 führt in der Tat auf dieselbe Darstellung für $\sigma(u^1, u^2)$:

$$\ln \sigma = \ln \sqrt[4]{(g^3\, \bar{b}^2)}; \quad \sigma = \sigma(u^1, u^2) = \sqrt[4]{g^3\, \bar{b}^2} \; ; \tag{3.16}$$

denn bei Gültigkeit von (3.8), (3.9) sind die Gleichungen (3.6), (3.7) stets erfüllt. Unter Verwendung des Gaussschen Krümmungsmaßes

$$K = \frac{\bar{b}^2}{g}$$

erhält man schließlich (vgl. auch [14]):

$$\sigma = \sigma(u^1, u^2) = g \sqrt[4]{K}. \tag{3.17}$$

Es wurde gezeigt, daß sich die homogenen Differentialgleichungen (3.5) bezüglich solcher Mittelflächen mit $K > 0$, für die die Gleichungen (3.8), (3.9) und (3.17) Gültigkeit haben, in die Cauchy-Riemannschen Differentialgleichungen

$$\frac{\partial S}{\partial u^1} - \frac{\partial T}{\partial u^2} = 0; \quad T = \sigma n^{11},$$

$$\frac{\partial T}{\partial u^1} + \frac{\partial S}{\partial u^2} = 0; \quad S = \sigma n^{12}, \tag{3.18}$$

überführen lassen. Die Funktionen $T(u^1, u^2)$, $S(u^1, u^2)$ genügen der Laplace-Gleichung

$$\Delta S = 0, \, \Delta T = 0, \, \Delta = \frac{\partial^2}{(\partial u^1)^2} + \frac{\partial^2}{(\partial u^2)^2}. \tag{3.19}$$

Analog nimmt das inhomogene Differentialgleichungssystem (3.2) unter den genannten Bedingungen die Form

$$\frac{\partial S}{\partial u^1} - \frac{\partial T}{\partial u^2} + \Phi_1 = 0; \quad \Phi_1 = \sigma \cdot F_1,$$

$$\frac{\partial T}{\partial u^1} + \frac{\partial S}{\partial u^2} + \Phi_2 = 0; \quad \Phi_2 = \sigma \cdot F_2, \tag{3.20}$$

an; die Funktionen $T(u^1, u^2)$ und $S(u^1, u^2)$ genügen der Poissonschen Differentialgleichung

$$\Delta S = \Omega_1, \; -\Omega_1 = \frac{\partial \Phi_1}{\partial u^1} + \frac{\partial \Phi_2}{\partial u^2},$$

$$\Delta T = \Omega_2, \; -\Omega_2 = \frac{\partial \Phi_2}{\partial u^1} - \frac{\partial \Phi_1}{\partial u^2}. \tag{3.21}$$

Für Schalenmittelflächen mit $K < 0$ gelangt man mit analogen Überlegungen bezüglich der Gleichungen (3.4) zum formal gleichen Multiplikator

$$\sigma = \sigma(u^1, u^2) = g \sqrt[4]{|K|}.$$

Mit σ läßt sich das System (3.4) für $F_1 = F_2 = 0$ in der Form

$$\frac{\partial(\sigma n^{11})}{\partial u^1} + \frac{\partial(\sigma n^{12})}{\partial u^2} = 0$$

$$\frac{\partial(\sigma n^{12})}{\partial u^1} + \frac{\partial(\sigma n^{11})}{\partial u^2} = 0 \tag{3.22}$$

darstellen; jede der beiden Funktionen (σn^{11}), (σn^{12}) genügt der eindimensionalen Wellengleichung

$$\frac{\partial^2 \varphi}{(\partial u^1)^2} - \frac{\partial^2 \varphi}{(\partial u^2)^2} = 0. \tag{3.23}$$

Die Bedingungen (3.8), (3.9) lassen schließlich vermöge der Gleichungen (3.6), (3.7) und (3.13a) noch folgende Fassung zu:

$$\frac{\partial}{\partial u^1} \ln \bar{b} \sqrt{g} = 4 \, \Gamma^2_{12},$$

$$\frac{\partial}{\partial u^2} \ln \bar{b} \sqrt{g} = 4 \, \Gamma^1_{12}; \tag{3.24}$$

(3.24) gilt für Flächen mit $K \lessgtr 0$.

Eine systematische Untersuchung der Bedingungen (3.24) gestattet die Ermittlung derjenigen Schalenmittelflächen, die die angestrebte vereinfachte Form des Differentialgleichungssystems (3.2), (3.4) mit $F_1 = F_2 = 0$ auf die CAUCHY-RIEMANNschen Differentialgleichungen bzw. die Differentialgleichungen (3.22) zulassen[1]. Die vollständige Integration der Differentialgleichungen (3.24) stellt ein recht schwieriges Problem [vgl. (3.12)] dar. Man kann aber in der Weise vorgehen, daß man die wichtigsten bekannten Flächenklassen systematisch daraufhin untersucht, ob ihnen Flächen zugehören, deren Fundamentalgrößen das System (3.24) erfüllen.

Damit läßt sich das Problem verlagern auf die Integration einer gewöhnlichen Differentialgleichung, wie in 4. für Rotationsflächen dargelegt wird.

4. Der Membranspannungszustand von Schalen, deren Mittelfläche eine Fläche zweiter Ordnung darstellt

Die Darstellung von Rotationsflächen in Zylinderkoordinaten lautet:

$$\mathfrak{r} = \mathfrak{r}(\vartheta, r) = \{r \cos \vartheta; \ r \sin \vartheta; \ f(r)\}; \tag{4.1}$$

$z = f(r)$ ist die Gleichung der Meridiankurve.

---

[1] Beide Systemtypen enthalten – die Nullbelastung von Schalen ausgenommen – noch Störfunktionen Φ_i.

Aus (4.1) gewinnt man durch affine Transformation der Ebenen $z = \text{const}$, die die Parallelkreise der Rotationsflächen in Ellipsen mit den Hauptachsen (ra) und (rb) überführt, eine verallgemeinerte Flächenklasse

$$\mathfrak{r}(\vartheta, r) = \{ar \cos \vartheta; \ br \sin \vartheta; \ f(r)\}, \tag{4.2}$$

die für $a = b = 1$ die Rotationsflächen (4.1) enthält.

Die folgenden Untersuchungen beziehen sich auf die allgemeine Flächenklasse (4.2). Es sollen nämlich diejenigen Flächen der Klasse (4.2) bestimmt werden, die den Bedingungen (3.8), (3.9) bzw. (3.24) genügen. Zu diesem Zweck ist es notwendig, die Flächen (4.2) auf konjugiert-isometrische Parameter zu beziehen. Die kovarianten Komponenten des Maßtensors von (4.2) sind:

$$g_{11} = g_{11}(r, \vartheta) = r^2 [b^2 + k^2 \sin^2 \vartheta], \quad k^2 = a^2 - b^2$$

$$g_{12} = g_{21} = - r k^2 \sin \vartheta \cos \vartheta, \tag{4.3}$$

$$g_{22} = a^2 - k^2 \sin^2 \vartheta + f'^2(r), \qquad f' = \frac{d}{dr} f(r).$$

Für die Grundform II erhält man nach einfacher Rechnung

$$\text{II} = \frac{- a b r^2 f'}{\sqrt{g(\vartheta, r)}} \left[d\vartheta^2 + \frac{f''}{rf'} dr^2 \right]. \tag{4.4}$$

Durch die Parametertransformation

$$du^1 = d\vartheta, \quad du^2 = \sqrt{\frac{f''}{rf'}} \ dr$$

$$u^1 = \vartheta, \quad u^2 = \int \sqrt{\frac{f''}{rf'}} \ dr \tag{4.5}$$

erhält die Grundform II (4.4) die für konjugiert-isometrische Parameter (u^1, u^2) charakteristische Form

$$\text{II} = \frac{- a b r^2 f'}{\sqrt{g(\vartheta, r)}} [(du^1)^2 + (du^2)^2]. \tag{4.6}$$

Nach (4.6) ist also

$$b_{11} = b_{22} = \frac{- a b r^2 f'}{\sqrt{g(\vartheta, r)}} = \bar{b}(u^1, u^2), \quad r = r(u^2). \tag{4.7}$$

Mit (4.5) nimmt die dem Maßtensor entsprechende Grundform I die Gestalt

$$ds^2 = r^2 [b^2 + k^2 \sin^2 u^1] (du^1)^2 + \tag{4.8}$$

$$- 2 r k^2 \sin u^1 \cos u^1 \ \sqrt{\frac{rf'}{f''}} \ du^1 du^2 +$$

$$+ (a^2 - k^2 \sin^2 u^1 + f'^2) \frac{rf'}{f''} (du^2)^2$$

an, aus der man die auf die Parameter u^1, u^2 bezogenen kovarianten Komponenten g_{ik} des Maßtensors entnehmen kann:

$$g_{11} = g_{11}(u^1, u^2) = r^2(b^2 + k^2 \sin^2 u^1),$$

$$g_{12} = g_{12}(u^1, u^2) = - r(u^2)\, k^2 \sin u^1 \cos u^1 \sqrt{\frac{rf'}{f''}}\,, \qquad (4.9)$$

$$g_{22} = g_{22}(u^1, u^2) = (a^2 - k^2 \sin^2 u^1 + f'^2(r))\frac{rf'}{f''}\,.$$

Die Größe $g = g(u^1, u^2) = g_{11}g_{22} - (g_{12})^2$ berechnet sich zu:

$$g(u^1, u^2) = r^3 \frac{f'}{f''}\left[(b^2 + k^2 \sin^2 u^1)(a^2 - k^2 \sin^2 u^1 + f'^2) + \right.$$

$$\left. - k^4 \sin^2 u^1 \cos^2 u^1\right] = r\frac{f'}{f''} g(\vartheta, r). \qquad (4.10)$$

Die CHRISTOFFELsymbole zweiter Art Γ^1_{12}, Γ^2_{12} erhalten die Werte

$$\Gamma^1_{12} = \frac{1}{r}\sqrt{\frac{rf'}{f''}} = \sqrt{\frac{f'}{rf''}}\,,$$

$$\Gamma^2_{12} = 0. \qquad (4.11)$$

Mit den Größen (4.7), (4.10) und (4.11) lassen sich nun die beiden Bedingungen (3.24) berechnen:

$$\frac{\partial}{\partial u^1}\ln\left(\overline{b}\,\sqrt{g(u^1, u^2)}\right) = 4\,\Gamma^2_{12}, \qquad (4.12)$$

$$\frac{\partial}{\partial u^2}\ln\left(\overline{b}\,\sqrt{g(u^1, u^2)}\right) = 4\,\Gamma^1_{12}; \qquad (4.13)$$

der Ausdruck

$$\overline{b}\,\sqrt{g} = \frac{-abrf'}{\sqrt{g(\vartheta, r)}}\sqrt{g(u^1, u^2)} = -abr^2 f' \sqrt{\frac{rf'}{f''}}$$

hängt nur von $r = r(u^2)$ ab; daher ist die Gleichung (4.12) im Verein mit (4.11) für die vorliegenden Flächenklasse identisch erfüllt.
Die Gleichung (4.13) wird damit zu einer gewöhnlichen Differentialgleichung dritter Ordnung für die Funktion $f = f(r) = f[r(u^2)]$

$$\frac{d}{du^2}\ln\left(-abr^2 f'\sqrt{\frac{rf'}{f''}}\right) = 4\,\frac{1}{r}\sqrt{\frac{rf'}{f''}}\,. \qquad (4.14)$$

Wegen (4.5) erhält sie nach einigen Umformungen schließlich die Gestalt:

$$\frac{d\left[\ln\left(-r^2 f'\sqrt{\frac{rf'}{f''}}\right)\right]}{dr} = 4\,\frac{1}{r}\,. \qquad (4.15)$$

18

Die Gleichung (4.15) stellt die Differentialgleichung der Meridiankurve $f(r)$ dar; integriert man (4.15) auf beiden Seiten, so ist:

$$\ln\left(-r^2 f' \sqrt{\frac{rf'}{f''}}\right) = 4\,(\ln r) + C\,; \quad -\ln\alpha = C. \tag{4.16}$$

Damit hat man an Stelle von (4.14) für $f(r)$ die folgende Differentialgleichung zweiter Ordnung:

$$f'' - \left(\frac{\alpha^2}{r^3}\right) f'^3 = 0. \tag{4.17}$$

Man findet als Zwischenintegral von (4.17):

$$f'(r) = \frac{\pm\, r}{\sqrt{\alpha^2 + \beta^2 r^2}}. \tag{4.18}$$

Die Diskussion von (4.18) bezüglich der Konstanten α^2 und β^2 ergibt folgende reelle Lösungen $f(r)$:

I $\alpha^2 > 0$:

a) $\beta^2 = 0$

$$z = f(r) = \pm \frac{1}{2\,\alpha}\, r^2 + \delta_1 \tag{4.19}$$

ist die Gleichung einer Parabel, deren Achse mit der z-Achse zusammenfällt;

b) $\beta^2 > 0$

$$z = f(r) = \frac{1}{\beta} \sqrt{\left(\frac{\alpha}{\beta}\right)^2 + r^2} + \delta_2 \tag{4.20}$$

ist die Gleichung einer Hyperbel, deren Achse mit der z-Achse zusammenfällt.

c) $\beta^2 < 0\ (\beta^2 = -\gamma^2)$

$$z = f(r) = \pm \frac{1}{\gamma} \sqrt{\left(\frac{\alpha}{\gamma}\right)^2 - r^2} + \delta_3 \tag{4.21}$$

ergibt Ellipsen, im Sonderfall $\gamma = 1$ Kreise.

II $\alpha^2 < 0$: $(\alpha^2 = -\varkappa^2)$

Die einzige reelle Lösung von (4.18) existiert für $\beta^2 > 0$ mit

$$z = f(r) = \pm \frac{1}{\beta} \sqrt{r^2 - \left(\frac{\varkappa}{\beta}\right)^2} + \delta_4. \tag{4.22}$$

Die Achse dieser Hyperbel fällt mit der r-Achse zusammen.

Die Flächen I, a) bis c), deren GAUSSsches Krümmungsmaß $K > 0$ ist, sind der Reihe nach:

a) elliptisches Paraboloid; Rotationsparaboloid;
b) zweischaliges elliptisches Hyperboloid; zweischaliges Rotationshyperboloid;
c) dreiachsiges Ellipsoid; Rotationsellipsoid;
   Sonderfall: Kugel.

Die Flächen II, für die $K < 0$ ist, sind einschalige Hyperboloide.

Die Eindeutigkeit der Lösung der gewöhnlichen Differentialgleichung (4.15) bzw. (4.18), die aus den Bedingungen (3.24) für die Funktion $f(r)$ hergeleitet wurde, gewährleistet die Aussage, daß unter den Rotationsflächen nur die algebraischen der zweiten Ordnung sowie die aus diesen durch affine Transformation der Parallelkreise erzeugten Flächen den Bedingungen (3.24) genügen. Diese Flächen repräsentieren aber bis auf das hyperbolische Paraboloid die Gesamtheit aller Flächen der zweiten Ordnung mit dem GAUSSschen Krümmungsmaß $K \neq 0$. Die Vermutung, daß auch das hyperbolische Paraboloid den Bedingungen (3.24) genügt, läßt sich durch bloßes Einsetzen bestätigen, wenn man die Fläche sofort auf konjugiert-isometrische Parameter bezieht:

$$\mathfrak{r}(u^1, u^2) = \{a\,e^{u^1}\cosh(u^2);\ b\,e^{u^1}\sinh(u^2);\ \tfrac{1}{2}\,e^{2\,u^1}\}.$$

II. Lösungen der speziellen Flächenklassen zugehörigen Differentialgleichungen des Membranspannungszustandes mit konstanten Koeffizienten

5. Die Konstruktion einer Lösung der Differentialgleichungen des Membranspannungszustandes mit konstanten Koeffizienten mit Hilfe von $\mathfrak{L}^2$-Transformationen

Die Differentialgleichungen (3.20), (3.4), die bezüglich der Funktionen $S = \sigma n^{12}$, $T = \sigma n^{11}$ die Form

$$\frac{\partial S}{\partial u^1} + \varepsilon^2 \frac{\partial T}{\partial u^2} + \Phi_1(u^1, u^2) = 0,$$

$$\varepsilon^2 \begin{cases} > 0 \text{ hyperbolisch} \\ < 0 \text{ elliptisch} \end{cases} \qquad (5.1)^2$$

$$\frac{\partial T}{\partial u^1} + \frac{\partial S}{\partial u^2} + \Phi_2(u^1, u^2) = 0,$$

annehmen, sollen mit Hilfe der zweidimensionalen LAPLACE-Transformation ($\mathfrak{L}^2$-Transformation) behandelt werden. Dazu sei vorausgesetzt, daß der Bereich $\mathfrak{B}(u^1, u^2)$ in der Parameterebene (u^1, u^2) auf den die Mittelfläche abgebildet wird, durch eine geeignete konforme Abbildung der Parameterebene dem ersten Quadranten $\bar{u}^1 \geqq 0$, $\bar{u}^2 \geqq 0$ einer Bildebene $(\bar{u}^1, \bar{u}^2)$ so zugeordnet wird, daß die Randkurve des Randwertproblems mit den positiven Koordinatenachsen zusammenfällt (vgl. [3], S. 38 ff.). Man erhält so ein geeignetes »Grundgebiet« der Variablen $x = \bar{u}^1, y = \bar{u}^2$, auf die sich die $\mathfrak{L}^2$-Transformation beziehen soll. Das System (5.1) ist, wie man leicht durch Rechnung zeigt, invariant gegenüber konformen Abbildungen der Parameterebene (u^1, u^2).

Die $\mathfrak{L}^2$-Transformation ordnet bekanntlich der reell- oder komplexwertigen Funktion $F(x, y)$ der reellen Variablen x, y, die im Quadranten $x \geqq 0, y \geqq 0$ definiert und bis auf eine Menge vom Maß Null stetig ist, eine in einem Gebiet $\mathfrak{G}(u, v)$ der beiden komplexen Veränderlichen u und v definierte Funktion $f(u, v)$ zu, wenn folgendes Doppelintegral existiert (vgl. [3], S. 16 ff.):

$$f(u, v) = \int\limits_0^\infty \int\limits_0^\infty e^{-ux - vy} F(x, y) \, dx \, dy = \mathfrak{L}_{u, v}^2 \{ F(x, y) \} ; \qquad (5.2)$$

die Funktion $f(u, v)$ heißt die »zweidimensional-LAPLACE-Transformierte« von $F(x, y)$.

---

[2] Zur Frage der Existenz einer Lösung von (5.1) vgl. [9], S. 291 ff. und S. 229 ff.

Die Zuordnung wird durch das Korrespondenzzeichen o—● gekennzeichnet:

$$F(x, y) \; \text{o——●} \; f(u, v). \tag{5.3}$$

Für die partiellen Ableitungen von $F(x, y)$ hat man die Korrespondenzen ([3], S. 155):

$$\frac{\partial F}{\partial x} \; \text{o——●} \; u f(u, v) - \overset{\text{II}}{F}(0, v)$$

$$\frac{\partial F}{\partial y} \; \text{o——●} \; v f(u, v) - \overset{\text{I}}{F}(u, 0), \tag{5.4}$$

wobei $\overset{\text{II}}{F}(0, v)$ die (einfach) LAPLACE-Transformierte bezüglich der zweiten Variablen und $\overset{\text{I}}{F}(u, 0)$ analog diejenige bezüglich der ersten Variablen ist.

Mit (5.4) wird das Differentialgleichungssystem (5.1) zu einem »algebraischen Gleichungssystem« bezüglich der unbekannten Funktionen $s(u, v) \; \text{●——o} \; S(x, y)$, $t(u, v) \; \text{●——o} \; T(x, y)$, wenn noch die Variablen $u^1 = x$ und $u^2 = y$ gesetzt werden:

$$\frac{\partial S}{\partial x} + \varepsilon^2 \frac{\partial T}{\partial y} + \Phi_1(x, y) \; \text{o——●} \; u s(u, v) - \overset{\text{II}}{S}(o, v) - v \varepsilon^2 t(u, v) - \varepsilon^2 \overset{\text{I}}{T}(u, 0)$$

$$+ \varphi_1(u, v) = 0 \tag{5.5}$$

$$\frac{\partial T}{\partial x} + \frac{\partial S}{\partial y} + \Phi_2(x, y) \; \text{o——●} \; u t(u, v) - \overset{\text{II}}{T}(o, v) + v s(u, v) - \overset{\text{I}}{S}(u, 0)$$

$$+ \varphi_2(u, v) = 0$$

$$\varphi_1(u, v) \; \text{●——o} \; \Phi_1(x, y), \quad \varphi_2(u, v) \; \text{●——o} \; \Phi_2(x, y);$$

$$s(u, v) \; \text{●——o} \; S(x, y), \quad t(u, v) \; \text{●——o} \; T(x, y).$$

Das algebraische Gleichungssystem (5.5) gibt die Bildgleichungen des Differentialgleichungssystems (5.1). Nach den Unbekannten $s(u, v)$, $t(u, v)$ geordnet hat es die Form

$$u s + \varepsilon^2 v t = -\varphi_1 + \overset{\text{II}}{S} + \varepsilon^2 \overset{\text{I}}{T},$$

$$v s + u t = -\varphi_2 + \overset{\text{I}}{S} + \overset{\text{II}}{T}. \tag{5.6}$$

Die (algebraische) Lösung von (5.6) ist:

$$s(u, v) = \frac{1}{u^2 - \varepsilon^2 v^2} \, [u\{-\varphi_1 + \overset{\text{II}}{S} + \varepsilon^2 \overset{\text{I}}{T}\} - \varepsilon^2 v \{-\varphi_2 + \overset{\text{I}}{S} + \overset{\text{II}}{T}\}]$$

$$t(u, v) = \frac{1}{u^2 - \varepsilon^2 v^2} \, [u\{-\varphi_2 + \overset{\text{I}}{S} + \overset{\text{II}}{T}\} - v \{-\varphi_1 + \overset{\text{II}}{S} + \varepsilon^2 \overset{\text{I}}{T}\}]. \tag{5.7}$$

Ob die Ausdrücke (5.7) nach Rücktransformation überhaupt eine Lösung des Systems (5.1) darstellen, muß jeweils durch Verifizieren geprüft werden.

Für die Gesamtheit aller Wertepaare $u = \pm\, \varepsilon v$ verschwindet der Nenner $(u^2 - \varepsilon^2 v^2) = (u + \varepsilon v)(u - \varepsilon v)$ der Ausdrücke (5.7). Damit die Funktionen (5.7) in $\mathfrak{G}(u, v)$ regulär sind, müssen daher für die Werte $u = \pm\, \varepsilon v$ auch die Ausdrücke in den eckigen Klammern verschwinden:

$$\pm\, \varepsilon v\{-\varphi_1(\pm\, \varepsilon v, v) + \overset{\mathrm{II}}{S}(0, v) + \varepsilon^2 \overset{\mathrm{I}}{T}(\pm\, \varepsilon v, 0)\} - \varepsilon^2 v\{-\varphi_2(\pm\, \varepsilon v, v) +$$
$$+ \overset{\mathrm{I}}{S}(\pm\, \varepsilon v, 0) + \overset{\mathrm{II}}{T}(0, v)\} = 0$$

$$\pm\, \varepsilon v\{-\varphi_2(\pm\, \varepsilon v, v) + \overset{\mathrm{I}}{S}(\pm\, \varepsilon v, 0) + \overset{\mathrm{II}}{T}(0, v)\} - v\{-\varphi_1(\pm\, \varepsilon v, v) +$$
$$+ \overset{\mathrm{II}}{S}(0, v) + \varepsilon^2 \overset{\mathrm{I}}{T}(\pm\, \varepsilon v, 0)\} = 0.$$

(5.8)

Da je zwei der Gleichungen (5.8) identisch sind, ergeben sich die »*Verträglichkeits-bedingungen*«[3]:

$$-\varphi_1(\varepsilon v, v) + \overset{\mathrm{II}}{S}(0, v) + \varepsilon^2 \overset{\mathrm{I}}{T}(\varepsilon v, 0) + \varepsilon \varphi_2(\varepsilon v, v) - \varepsilon \overset{\mathrm{I}}{S}(\varepsilon v, 0) - \varepsilon \overset{\mathrm{II}}{T}(0, v) = 0$$

$$\varphi_1(-\varepsilon v, v) - \overset{\mathrm{II}}{S}(0, v) - \varepsilon^2 \overset{\mathrm{I}}{T}(\varepsilon v, 0) + \varepsilon \varphi_2(-\varepsilon v, v) - \varepsilon \overset{\mathrm{I}}{S}(-\varepsilon v, 0) - \varepsilon \overset{\mathrm{II}}{T}(0, v) = 0.$$

(5.9)

Mit Hilfe dieser Gleichungen lassen sich zwei transformierte Randfunktionen in der Lösung des transformierten Systems (5.7) eliminieren. Zu diesem Zweck wird (5.9) als Gleichungssystem aufgefaßt und man erhält entweder

$$\overset{\mathrm{II}}{S}(0, v) = \frac{1}{2}\,[\varphi_1(\varepsilon v, v) - \varepsilon \varphi_2(\varepsilon v, v) - \varepsilon^2 \overset{\mathrm{I}}{T}(\varepsilon v, 0) - \varepsilon \overset{\mathrm{I}}{S}(\varepsilon v, 0) + \varphi_1(-\varepsilon v, v) +$$
$$+ \varepsilon \varphi_2(-\varepsilon v, v) - \varepsilon^2 \overset{\mathrm{I}}{T}(-\varepsilon v, 0) - \varepsilon \overset{\mathrm{I}}{S}(-\varepsilon v, 0)]$$

$$\overset{\mathrm{II}}{T}(0, v) = \frac{1}{2\,\varepsilon}\,[\varphi_1(-\varepsilon v, v) + \varepsilon \varphi_2(-\varepsilon v, v) - \varepsilon^2 \overset{\mathrm{I}}{T}(-\varepsilon v, 0) - \varepsilon \overset{\mathrm{I}}{S}(-\varepsilon v, 0) +$$
$$- \varphi_1(\varepsilon v, v) + \varepsilon \varphi_2(\varepsilon v, v) + \varepsilon^2 \overset{\mathrm{I}}{T}(\varepsilon v, 0) - \varepsilon \overset{\mathrm{I}}{S}(\varepsilon v, 0)]$$

(5.10)

oder

$$\overset{\mathrm{I}}{S}(\varepsilon v, 0) = \frac{1}{2\,\varepsilon}\,[\varphi_1(\varepsilon v, v) + \varepsilon \varphi_2(\varepsilon v, -v) - \varepsilon \overset{\mathrm{II}}{T}(0, -v) - \overset{\mathrm{II}}{S}(0, -v) - \varphi_1(\varepsilon v, v) +$$
$$+ \varepsilon \varphi_2(\varepsilon v, v) - \varepsilon \overset{\mathrm{II}}{T}(0, v) + \overset{\mathrm{II}}{S}(0, v)]$$

$$\overset{\mathrm{I}}{T}(\varepsilon v, 0) = \frac{1}{2\,\varepsilon^2}\,[\varphi_1(\varepsilon v, -v) + \varepsilon \varphi_2(\varepsilon v, -v) - \varepsilon \overset{\mathrm{II}}{T}(0, -v) - \overset{\mathrm{II}}{S}(0, -v) +$$
$$+ \varphi_1(\varepsilon v, v) - \varepsilon \varphi_2(\varepsilon v, v) + \varepsilon \overset{\mathrm{II}}{T}(0, v) - \overset{\mathrm{II}}{S}(0, v)].$$

Die Gleichungen (5.9) lassen sich jedoch nicht als System zur Bestimmung der Funktionen $\overset{\mathrm{I}}{S}(\varepsilon v, 0), \overset{\mathrm{II}}{T}(0, v)$ oder $\overset{\mathrm{II}}{S}(0, v), \overset{\mathrm{I}}{T}(\varepsilon v, 0)$ deuten. Die Begründung

---

[3] Für reelle v und $\varepsilon^2 < 0$ sind sogar alle vier Gleichungen identisch.

ergibt sich daraus, daß durch die Vorgabe von Randfunktionen $T(x, 0)$ und $S(0, y)$ oder $S(x, 0)$ und $T(0, y)$ die Lösung nicht eindeutig bestimmt ist [3].

Sind z. B. die Randwerte $S(0, y)$, $T(x, 0)$ gegeben, dann lassen sich Funktionen $S_0(x, y)$, $T_0(x, y)$ konstruieren, die das homogene System ($\Phi_1 = \Phi_2 = 0$) erfüllen und auf dem Rande den Bedingungen $S_0(0, y) = T_0(x, 0) = 0$ genügen. Addiert man eine dieser konstruierten »*Nullösungen*« zu einer bereits gefundenen Lösung des Problems, so erfüllt die Summe sowohl die Differentialgleichungen (5.1) als auch die Randbedingungen.

Die Konstruktion der Nullösung kann für gegebene Randwerte $S(0, y)$, $T(x, 0)$ auf folgende Weise geschehen:

Man fordert $S_0(0, y) = T_0(x, 0) = \Phi_1(x, y) = \Phi_2(x, y) = 0$. Damit nehmen die Gleichungen (5.9) folgende Gestalt an:

$$- \varepsilon \overset{\mathrm{I}}{S}(\varepsilon v, 0) - \varepsilon \overset{\mathrm{II}}{T}(0, v) = 0$$

$$- \varepsilon \overset{\mathrm{I}}{S}(- \varepsilon v, 0) - \varepsilon \overset{\mathrm{II}}{T}(0, v) = 0 \qquad (5.11)$$

oder

$$\overset{\mathrm{I}}{S}(\varepsilon v, 0) = \overset{\mathrm{I}}{S}(- \varepsilon v, 0) = - \overset{\mathrm{II}}{T}(0, v).$$

Daher ist $\overset{\mathrm{I}}{S}(u, 0)$ als eine gerade, im übrigen aber beliebige Funktion und $\overset{\mathrm{II}}{T}(0, v) = - \overset{\mathrm{I}}{S}(v, 0)$ zu wählen. Das Lösungspaar des transformierten Systems lautet nach (5.7) mit (5.11):

$$s_0(u, v) = \frac{- \varepsilon^2 v}{u^2 - \varepsilon^2 v^2} \left[\overset{\mathrm{I}}{S}(u, o) - \overset{\mathrm{I}}{S}(\varepsilon v, 0) \right]$$

$$t_0(u, v) = \frac{u}{u^2 - \varepsilon^2 v^2} \left[\overset{\mathrm{I}}{S}(u, 0) - \overset{\mathrm{I}}{S}(\varepsilon v, 0) \right]$$

bzw. nach Partialbruchzerlegung

$$s_0(u, v) = \frac{\varepsilon}{2} \left[\frac{\overset{\mathrm{I}}{S}(u, 0) - \overset{\mathrm{I}}{S}(- \varepsilon v, 0)}{u + \varepsilon v} - \frac{\overset{\mathrm{I}}{S}(u, 0) - \overset{\mathrm{I}}{S}(\varepsilon v, 0)}{u - \varepsilon v} \right]$$

$$t_0(u, v) = \frac{1}{2} \left[\frac{\overset{\mathrm{I}}{S}(u, 0) - \overset{\mathrm{I}}{S}(- \varepsilon v, 0)}{u + \varepsilon v} + \frac{\overset{\mathrm{I}}{S}(u, 0) - \overset{\mathrm{I}}{S}(\varepsilon v, 0)}{u - \varepsilon v} \right].$$

Die Rücktransformation liefert eine Lösung $S_0(x, y)$, $T_0(x, y)$ in der Gestalt

$$S_0(x, y) = \frac{1}{2} \left[S\left(x - \frac{y}{\varepsilon}, 0\right) + S\left(x + \frac{y}{\varepsilon}, 0\right) \right]$$

$$T_0(x, y) = \frac{1}{2\varepsilon} \left[S\left(x - \frac{y}{\varepsilon}, 0\right) - S\left(x + \frac{y}{\varepsilon}, 0\right) \right]. \qquad (5.12)$$

Dabei ist $S(\xi, 0)$ eine beliebige ungerade Funktion. Diese Eigenschaft ist mit jener von $\overset{\text{I}}{S}(u, 0)$ verträglich, was sich aus der Definition von $\overset{\text{I}}{S}(u, 0)$ leicht herleiten läßt.

Für das elliptische Differentialgleichungssystem

$$S_x - 4\,T_y + \Phi_1 = 0, \quad S_y + T_x + \Phi_2 = 0$$

$(\varepsilon^2 = -\,4)$ mit den Randbedingungen

$$S(0, y) = a(y), \quad T(x, 0) = b(x)$$

erhält man auf diese Weise mit

$$S(\xi, 0) = \xi^{2n+1} \qquad n = 0, 1, 2, \ldots \qquad (5.13)$$

folgende Nullösungen:

$$S_0(x, y) = \sum_{\mu=0}^{n} (-1)^\mu \binom{2n+1}{2\mu} x^{2(n-\mu)+1} \left(\frac{y}{2}\right)^{2\mu}$$

$$T_0(x, y) = \frac{1}{2} \sum_{\mu=0}^{n} (-1)^\mu \binom{2n+1}{2\mu+1} x^{2(n-\mu)} \left(\frac{y}{2}\right)^{2\mu+1}.$$

Die ersten Polynome lauten

$$n = 0: \qquad S_0 = x$$
$$T_0 = \frac{1}{4}\,y$$

$$n = 1: \qquad S_0 = x^3 - 3\,x \cdot \frac{y^2}{4}$$
$$T_0 = \frac{1}{4}\left[3\,x^2 y - \frac{y^3}{4}\right].$$

Mit $S(\xi, 0) = \sin \xi$ erhält man das Nullösungspaar

$$S_0(x, y) = \sin x \cosh \frac{y}{2}$$

$$T_0(x, y) = \frac{1}{2} \cos x \sinh \frac{y}{2}.$$

Entsprechende Lösungen lassen sich auch für hyperbolische Systeme herleiten. Für $\varepsilon^2 = +\,4$ ergeben sich beispielsweise mit (5.13) folgende Polynome als Nullösungen:

$$S_0(x, y) = \sum_{\mu=0}^{n} \binom{2n+1}{2\mu} x^{2(n-\mu)+1} \left(\frac{y}{2}\right)^{2\mu}$$

$$T_0(x, y) = \frac{-1}{2} \sum_{\mu=0}^{n} \binom{2n+1}{2\mu+1} x^{2(n-\mu)} \left(\frac{y}{2}\right)^{2\mu+1}.$$

Bei Vorgabe von Randwerten $S(x, 0)$, $T(x, 0)$ bzw. $S(0, y)$, $T(0, y)$ ist das System jedoch eindeutig mit Hilfe der $\mathfrak{L}^2$-Transformation lösbar, falls nur $S(\xi, y)$, $T(\xi, y)$, $\Phi_1(\xi, y)$ und $\Phi_2(\xi, y)$ in der komplexen ξ-Ebene holomorph sind. Diese Voraussetzung muß gemacht werden, um die zur Rücktransformation nötigen Korrespondenzen gebrauchen zu können[4].

Setzt man (5.10) in (5.7) ein, so läßt sich die Lösung des transformierten Problems berechnen:

$$
\begin{aligned}
s(u, v) = \frac{1}{2}\Bigg\{ &- \frac{\varphi_1(u, v) - \varphi_1(\varepsilon v, v)}{u - \varepsilon v} - \frac{\varphi_1(u, v) - \varphi_1(-\varepsilon v, v)}{u + \varepsilon v} + \\
&+ \varepsilon\, \frac{\varphi_2(u, v) - \varphi_2(\varepsilon v, v)}{u - \varepsilon v} - \varepsilon\, \frac{\varphi_2(u, v) - \varphi_2(-\varepsilon v, v)}{u + \varepsilon v} + \\
&+ \varepsilon^2\, \frac{\overset{\text{\tiny I}}{T}(u, 0) - \overset{\text{\tiny I}}{T}(\varepsilon v, 0)}{u - \varepsilon v} + \varepsilon^2\, \frac{\overset{\text{\tiny I}}{T}(u, 0) - \overset{\text{\tiny I}}{T}(-\varepsilon v, 0)}{u + \varepsilon v} + \\
&- \varepsilon\, \frac{\overset{\text{\tiny I}}{S}(u, 0) - \overset{\text{\tiny I}}{S}(\varepsilon v, 0)}{u - \varepsilon v} + \varepsilon\, \frac{\overset{\text{\tiny I}}{S}(u, 0) - \overset{\text{\tiny I}}{S}(-\varepsilon v, 0)}{u + \varepsilon v} \Bigg\}
\end{aligned}
$$

$$
\begin{aligned}
t(u, v) = \frac{1}{2}\Bigg\{ &- \frac{\varphi_2(u, v) - \varphi_2(\varepsilon v, v)}{u - \varepsilon v} - \frac{\varphi_2(u, v) - \varphi_2(-\varepsilon v, v)}{u + \varepsilon v} + \\
&+ \frac{1}{\varepsilon}\, \frac{\varphi_1(u, v) - \varphi_1(\varepsilon v, v)}{u - \varepsilon v} - \frac{1}{\varepsilon}\, \frac{\varphi_1(u, v) - \varphi_1(-\varepsilon v, v)}{u + \varepsilon v} + \\
&+ \frac{\overset{\text{\tiny I}}{S}(u, 0) - \overset{\text{\tiny I}}{S}(\varepsilon v, 0)}{u - \varepsilon v} + \frac{\overset{\text{\tiny I}}{S}(u, 0) - \overset{\text{\tiny I}}{S}(-\varepsilon v, 0)}{u + \varepsilon v} + \\
&- \varepsilon\, \frac{\overset{\text{\tiny I}}{T}(u, 0) - \overset{\text{\tiny I}}{T}(\varepsilon v, 0)}{u - \varepsilon v} + \varepsilon\, \frac{\overset{\text{\tiny I}}{T}(u, 0) - \overset{\text{\tiny I}}{T}(-\varepsilon v, 0)}{u + \varepsilon v} \Bigg\}.
\end{aligned}
$$

Die Rücktransformation, bei welcher die erwähnten Holomorphievoraussetzungen benötigt werden, liefert die Lösung des partiellen Differentialgleichungssystems (5.1) bei Randwertvorgaben $S(x, 0)$, $T(x, 0)$ in der Form:

$$
\begin{aligned}
S(x, y) = \frac{1}{2}\Bigg\{ \frac{1}{\varepsilon} \int_0^y \Bigg[&\Phi_1\left(x + \frac{\eta}{\varepsilon}, y - \eta\right) - \Phi_1\left(x - \frac{\eta}{\varepsilon}, y - \eta\right) + \\
&- \varepsilon \Phi_2\left(x + \frac{\eta}{\varepsilon}, y - \eta\right) - \varepsilon \Phi_2\left(x - \frac{\eta}{\varepsilon}, y - \eta\right) \Bigg] d\eta + \\
&- \varepsilon T\left(x + \frac{y}{\varepsilon}, 0\right) + \varepsilon T\left(x - \frac{y}{\varepsilon}, 0\right) + S\left(x + \frac{y}{\varepsilon}, 0\right) + \\
&+ S\left(x - \frac{y}{\varepsilon}, 0\right) \Bigg\}
\end{aligned}
\tag{5.14}
$$

---

[4] Für den elliptischen Fall wird Holomorphie nur für das Gebiet $\operatorname{Re} \xi > 0$ gefordert.

$$T(x,y) = \frac{1}{2} \left\{ \frac{1}{\varepsilon} \int_0^y \left[\Phi_2\left(x + \frac{\eta}{\varepsilon}, y - \eta\right) - \Phi_2\left(x - \frac{\eta}{\varepsilon}, y - \eta\right) + \right. \right.$$

$$\left. - \frac{1}{\varepsilon} \Phi_1\left(x + \frac{\eta}{\varepsilon}, y - \eta\right) - \frac{1}{\varepsilon} \Phi_1\left(x - \frac{\eta}{\varepsilon}, y - \eta\right) \right] d\eta +$$

$$- \frac{1}{\varepsilon} S\left(x + \frac{y}{\varepsilon}, 0\right) + \frac{1}{\varepsilon} S\left(x - \frac{y}{\varepsilon}, 0\right) + T\left(x + \frac{y}{\varepsilon}, 0\right) +$$

$$\left. + T\left(x - \frac{y}{\varepsilon}, 0\right) \right\} . \tag{5.14}$$

Für das elliptische, der Poissonschen Gleichung äquivalente, System mit $\varepsilon^2 = -1$ lassen sich Vereinfachungen vornehmen. Es gilt:

$$S(x,y) = - \int_0^y \left\{ \mathrm{Im}\, \Phi_1[x + i(y - \tau), \tau] + \mathrm{Re}\, \Phi_2[x + i(y - \tau), \tau] \right\} d\tau +$$

$$- \mathrm{Im}\, T(x + iy, 0) + \mathrm{Re}\, S(x + iy, 0) \tag{5.15}$$

$$T(x,y) = \int_0^y \left\{ \mathrm{Re}\, \Phi_1[x + i(y - \tau), \tau] - \mathrm{Im}\, \Phi_2[x + i(y - \tau), \tau] \right\} d\tau +$$

$$+ \mathrm{Re}\, T(x + iy, 0) + \mathrm{Im}\, S(x + iy, 0).$$

Das System mit $\varepsilon^2 = +1$ ist vom hyperbolischen Typ und entspricht der inhomogenen Wellengleichung. Es besitzt die Lösung

$$S(x,y) = \frac{1}{2} \left\{ \int_0^y [\Phi_1(x + \eta, y - \eta) - \Phi_1(x - \eta, y - \eta) - \Phi_2(x + \eta, y - \eta) + \right.$$

$$- \Phi_2(x - \eta, y - \eta)] \, d\eta - T(x + y, 0) + T(x - y, 0) +$$

$$+ S(x + y, 0) + S(x - y, 0) \} \tag{5.16}$$

$$T(x,y) = \frac{1}{2} \left\{ \int_0^y [\Phi_2(x + \eta, y - \eta) - \Phi_2(x - \eta, y - \eta) - \Phi_1(x + \eta, y - \eta) + \right.$$

$$- \Phi_1(x - \eta, y - \eta)] \, d\eta - S(x + y, 0) + S(x - y, 0) +$$

$$+ T(x + y, 0) + T(x - y, 0) \} .$$

Die Lösung (5.14) kann auch bei Vorgabe der Randwerte $S(0, y)$, $T(0, y)$ Verwendung finden. Die in (5.14) benötigten Randwerte müssen dann nach

$$T(x, 0) = \frac{1}{2\varepsilon} \left\{ \int_0^x [\Phi_1[\tau, \varepsilon(x - \tau)] - \Phi_1[\tau, \varepsilon(\tau - x)] - \varepsilon \Phi_2[\tau, \varepsilon(x - \tau)] + \right.$$

$$- \varepsilon \Phi_2[\tau, \varepsilon(\tau - x)]] \, d\tau - S(0, \varepsilon x) + S(0, -\varepsilon x) +$$

$$+ \varepsilon T(0, \varepsilon x) + \varepsilon T(0, -\varepsilon x) \} \tag{5.17}$$

$$S(x, 0) = \frac{1}{2} \left\{ \int_0^x [\varepsilon \Phi_2[\tau, \varepsilon(x - \tau)] - \varepsilon \Phi_2[\tau, \varepsilon(\tau - x)] - \Phi_1[\tau, \varepsilon(x - \tau)] + \right.$$

$$\left. - \Phi_1[\tau, \varepsilon(\tau - x)]] \, d\tau - \varepsilon T(0, \varepsilon x) + \varepsilon T(0, -\varepsilon x) + \right. \tag{5.17}$$

$$\left. + S(0, \varepsilon x) + S(0, -\varepsilon x) \right\}$$

berechnet werden. Die Beziehungen (5.17) stellen die »Verträglichkeitsbedingungen« im Oberbereich dar.

Es läßt sich leicht verifizieren, daß die konstruierte Lösung (5.14) das System (5.1) erfüllt und den Randbedingungen genügt. Letzteres ist aus der Form von (5.14) direkt zu ersehen. Der Beweis, daß (5.14) eine Lösung des Systems ist, gelingt leicht, wenn die Abhängigkeit der oberen Grenze des Integrals und die Holomorphie aller verwendeten Funktionen bezüglich der ersten Variablen berücksichtigt wird.

In [3] wurde bei der Lösung der inhomogenen Wellengleichung nur Holomorphie in einem »rechten u—v-Halbebenenpaar« gefordert, wodurch sich nur eine »Verträglichkeitsbedingung« ergibt, so daß drei Randwerte vorgegeben werden können. Die dabei verwendeten Formeln der Rücktransformation enthalten aber weitere Forderungen, so daß bei der Lösung des behandelten Systems doch nur zwei Randwerte vorgegeben werden können, wie das auch hier der Fall ist.

6. Eine weitere Lösungsmethode

In mehreren seiner Arbeiten beschäftigt sich I. N. Vekua (vgl. insbesondere [14]) mit dem partiellen Differentialgleichungssystem

$$\frac{\partial u}{\partial x} - \frac{\partial v}{\partial y} = a(x, y)\, u + b(x, y)\, v + f(x, y)$$

$$\tag{6.1}$$

$$\frac{\partial u}{\partial y} + \frac{\partial v}{\partial x} = c(x, y)\, u + d(x, y)\, v + g(x, y)$$

und gebraucht bei der Lösung dieses Systems die folgende komplexe Schreibweise der Aufgabe:

$$\frac{\partial U}{\partial \bar{z}} = AU + B\bar{U} + F$$

mit

$$U = u + iv, \quad \bar{U} = u - iv, \quad F = \tfrac{1}{2}(f + ig)$$

$$A = \tfrac{1}{4}(a + d + ic - ib), \quad B = \tfrac{1}{4}(a - d + ic + ib)$$

$$\frac{\partial}{\partial \bar{z}} = \frac{1}{2}\left(\frac{\partial}{\partial x} + i\frac{\partial}{\partial y}\right).$$

Die allgemeine Lösung führt auf eine FREDHOLMsche Integralgleichung mit einem Doppelintegral und einem singulären Kern. Sind die Funktionen a, b, c, d, f, g in den Variablen x und y analytisch, so ist zwar noch eine VOLTERRAsche Integralgleichung durch sukzessive Approximation zu lösen, doch braucht man nicht bei jedem Iterationsschritt das erwähnte Doppelintegral auszurechnen. Für ein System der Art (5.1) mit $\varepsilon^2 = -1$ (hier der Sonderfall $a = b = c = d = 0$) braucht nur noch eine Integration durchgeführt zu werden.

Im folgenden werden $\Phi_1(x, y)$ und $\Phi_2(x, y)$ aus (5.1) als analytische Funktionen in x und y vorausgesetzt. Bei Fortsetzung dieser Variablen in einen komplexen Bereich sind sie analytische Funktionen der beiden komplexen Variablen

$$z = x + iy \quad \text{und} \quad \zeta = x - iy.$$

Dabei ist ζ nur dann die konjugiert komplexe Zahl $\bar{z}$, wenn x und y reelle Werte annehmen. Wir fordern nun, daß die Funktionen Φ_i in einem einfach zusammenhängenden Gebiet G der komplexen Variablen z analytische Funktionen in z und im »Spiegelbereich« $\overline{G}$ an der reellen Achse in ζ analytisch seien. Unter der Voraussetzung, daß die Lösung U ebenfalls in den Bereich $(G, \overline{G})$ fortsetzbar ist, nimmt das partielle Differentialgleichungssystem

$$S_x - T_y + \Phi_1 = 0$$
$$S_y + T_x + \Phi_2 = 0 \tag{6.2}$$

folgende Gestalt an:

$$\frac{\partial U(x, y)}{\partial \zeta} = F(x, y) \tag{6.3}$$

wobei $U(x, y) = S(x, y) + iT(x, y)$ und $F(x, y) = -\dfrac{1}{2}[\Phi_1(x, y) + i\Phi_2(x, y)]$ gilt.

Ersetzt man die Veränderlichen x und y durch $\dfrac{1}{2}(z + \zeta)$ bzw. $\dfrac{1}{2i}(z - \zeta)$ und berechnet das unbestimmte Integral von (6.3) bezüglich ζ, so erhält man die Lösung des Systems (5.1) in der Form

$$U(z, \zeta) = S + iT = \varphi(z) + \int_{\zeta_0}^{\zeta} F\left(\frac{z + \bar{\tau}}{2}, \frac{z - \bar{\tau}}{2i}\right) d\bar{\tau}.$$

ζ_0 ist bei VEKUA ein festgewählter Punkt im Bereich $\overline{G}$ und $\varphi(z)$ eine in G analytische Funktion, welche durch $U(z, \zeta_0)$ eindeutig bestimmt ist:

$$\varphi(z) = U(z, \zeta_0) = U|_{\zeta = \zeta_0}.$$

Bei den nachfolgenden Betrachtungen wird ζ_0 nicht als fester Bezugspunkt angesehen, sondern es wird eine Abhängigkeit von z gestattet. Zunächst sei die Lösung des Systems (6.2) in einer ausführlichen Form dargestellt:

$$U\left(\frac{z+\zeta}{2}, \frac{z-\zeta}{2i}\right) = U(x,y) = S + iT = U\left(\frac{z+\zeta_0}{2}, \frac{z-\zeta_0}{2i}\right) +$$

$$+ \int_{\zeta_0}^{\zeta} F\left(\frac{z+\bar{\tau}}{2}, \frac{z-\bar{\tau}}{2i}\right) d\bar{\tau}. \tag{6.4}$$

Wird $\zeta_0 = z$ gewählt, so ergibt sich die Lösung (6.4) nach einer Transformation des Integrationsparameters $\left(\tau = \dfrac{z-\bar{\tau}}{2i}\right)$ in der Gestalt

$$U(x,y) = S(x,y) + iT(x,y) = U(z, 0) - 2i \int_0^y F(z - i\tau, \tau)\, d\tau.$$

Diese Lösung verlangt Anfangswerte $S(x, 0)$, $T(x, 0)$ und ist mit der mittels $\mathfrak{L}^2$-Transformation gefundenen Lösung (5.15) identisch, falls nur Real- und Imaginärteil getrennt geschrieben wird.

Der besondere Vorteil dieser Lösungsmethode besteht darin, daß man mit variablem $\zeta_0(z)$ die verschiedenen Anfangs- und Randwertaufgaben lösen kann. Sind z. B. die Anfangswerte auf der y-Achse gegeben ($S(0, y)$, $T(0, y)$), so läßt sich das erste Argument von

$$U\left(\frac{z+\zeta_0}{2}, \frac{z-\zeta_0}{2i}\right)$$

mit $\zeta_0 = -z$ zu Null bestimmen. Als Lösung des Systems ergibt sich dann mit (6.4)

$$U = S + iT = U(0, -iz) + 2 \int_0^x F\left(\tau, \frac{z-\tau}{i}\right) d\tau$$

bzw. nach Trennung von Real- und Imaginärteil:

$$S(x,y) = -\int_0^x [\operatorname{Re} \Phi_1[\tau, i(\tau - z)] - \operatorname{Im} \Phi_2[\tau, i(\tau - z)]]\, d\tau + \operatorname{Re} S(0, -iz) +$$

$$- \operatorname{Im} T(0, -iz)$$

$$T(x,y) = -\int_0^x [\operatorname{Im} \Phi_1[\tau, i(\tau - z)] + \operatorname{Re} \Phi_2[\tau, i(\tau - z)]]\, d\tau + \operatorname{Im} S(0, -iz) +$$

$$+ \operatorname{Re} T(0, -iz). \tag{6.5}$$

Auch Probleme mit vorgegebenen Anfangswerten auf einer beliebigen Geraden der x, y-Ebene lassen sich leicht behandeln. Sogar Randwertaufgaben auf einem Kreis können in (6.4) eingebaut werden. Ist nämlich $S(x,y)$ und $T(x,y)$ auf dem Kreis $x^2 + y^2 = R^2$ bekannt, so gewinnt man die Lösung, wenn man ζ_0 aus

$$\left(\frac{z+\zeta_0}{2}\right)^2 + \left(\frac{z-\zeta_0}{2i}\right)^2 = R^2$$

bestimmt und in (6.4) einsetzt:

$$U = S + iT = U\left(\frac{z^2 + R^2}{2\,z}, \frac{z^2 - R^2}{2\,iz}\right) - 2\,i \cdot \int\limits_{\frac{z^2-R^2}{2iz}}^{y} F(z - i\tau, \tau)\,d\tau.$$

Allgemein läßt sich das System (6.2) mit (6.4) lösen, falls die gestellten Holomorphiebedingungen erfüllt und Funktionswerte auf einer Kurve $y = h(x)$ in Abhängigkeit von x oder y gegeben sind. Dann ist in (6.4) eine Lösung ζ_0 der Gleichung

$$\left(\frac{z - \zeta_0}{2\,i}\right) = h\left(\frac{z + \zeta_0}{2}\right)$$

einzusetzen.

Abschließend ein Beispiel zur Erläuterung:

Zu lösen sei das elliptische Differentialgleichungssystem

$$S_x - T_y - 2\,(x + y) = 0$$
$$S_y + T_x + 2\,(x - y) = 0 \qquad\qquad (6.6)$$

unter den genannten Holomorphievoraussetzungen bei Kenntnis von $S(x, y)$ und $T(x, y)$ auf dem Einheitskreis der x, y-Ebene: $S = 2$, $T = 0$.
Die Kurve, auf welcher die Funktionswerte bekannt sind, lautet $x^2 + y^2 = 1$. Deshalb wird ζ_0 so bestimmt, daß die Argumente von $U(x, y)$ in (6.4) dieser Bedingung genügen:

$$\left(\frac{z + \zeta_0}{2}\right)^2 + \left(\frac{z - \zeta_0}{2\,i}\right)^2 = 1.$$

Die Lösung der Gleichung ist $\zeta_0 = \dfrac{1}{z}$. Damit läßt sich (6.4) in folgender Gestalt schreiben

$$U = S + iT = 2 + i \cdot 0 - \frac{1}{2} \cdot 2 \int\limits_{\frac{1}{z}}^{y}\left[(i - 1)\left(\frac{z + \bar{\tau}}{2}\right) - (1 + i)\left(\frac{z - \bar{\tau}}{2\,i}\right)\right] d\bar{\tau}$$

oder

$$S + iT = (1 + x^2 + y^2) + i(1 - x^2 - y^2).$$

Das Lösungspaar S, T erfüllt das System (6.6) und nimmt auf dem Einheitskreis die geforderten Randwerte an.
Das hier in 6. behandelte Verfahren sei kurz der in 5. durchgeführten Lösung gegenübergestellt:
Das Verfahren nach VEKUA ist zunächst auf elliptische Differentialgleichungssysteme (Mittelflächen mit $K > 0$) beschränkt, während die in diesem Bericht mit Hilfe der $\mathfrak{L}^2$-Transformation gegebene Lösung der Differentialgleichungen des

Membranspannungszustandes für elliptische und hyperbolische Systeme durchführbar ist und daher die Behandlung von Schalen mit beliebigen Flächen zweiter Ordnung als Mittelflächen gestattet. Allerdings erfordert es bei Berandungen, deren Bilder in der Parameterebene nicht durch achsenparallele Geraden gegeben sind, die Ausführung einer zusätzlichen konformen Abbildung, während das Verfahren nach Vekua unmittelbar auch auf krummlinige Berandungen anwendbar ist.

III. Anwendungen in der Membrantheorie der Flächen zweiter Ordnung

7. Einige allgemeine Bemerkungen

Wie bereits in 3. gezeigt wurde, läßt sich das Gleichgewichtssystem des Membranspannungszustandes von Flächen zweiter Ordnung stets in ein solches mit Cauchy-Riemannschen Hauptteil überführen. Voraussetzung war die Bezugnahme der Schalenmittelfläche auf konjugiert-isometrische Parameter.

Diese wird durch folgende Parameterdarstellungen (vgl. [6]) erreicht:

allgemeines Ellipsoid[5]:
$$\mathfrak{r} = \left\{ a\,\frac{\cos x}{\operatorname{ch} y},\ b\,\frac{\sin x}{\operatorname{ch} y},\ c\,\operatorname{tgh} y \right\}$$

zweischaliges Hyperboloid:
$$\mathfrak{r} = \left\{ a\,\frac{\cos x}{\operatorname{sh} y},\ b\,\frac{\sin x}{\operatorname{sh} y},\ c\,\operatorname{ctgh} y \right\}$$

elliptisches Paraboloid:
$$\mathfrak{r} = \left\{ a\,\frac{\cos x}{e^y},\ b\,\frac{\sin x}{e^y},\ c\,\frac{1}{2\,e^{2y}} \right\} \tag{7.1}$$

einschaliges Hyperboloid:
$$\mathfrak{r} = \left\{ a\,\frac{\cos y}{\cos x},\ b\,\frac{\sin y}{\cos x},\ c\,\operatorname{tg} x \right\}$$

hyperbolisches Paraboloid:
$$\mathfrak{r} = \left\{ a\,\frac{\operatorname{ch} x}{e^y},\ b\,\frac{\operatorname{sh} x}{e^y},\ c\,\frac{1}{2\,e^{2y}} \right\}.$$

Bei ihrer Verwendung sind die Forderungen (3.1) und (3.24) stets erfüllt, so daß für jede Belastungsart die Aufgabe in der Lösung des Systems

$$\frac{\partial S(x,y)}{\partial x} + \varepsilon^2\,\frac{\partial T(x,y)}{\partial y} + \varPhi_1(x,y) = 0$$

$$\frac{\partial T(x,y)}{\partial x} + \frac{\partial S(x,y)}{\partial y} + \varPhi_2(x,y) = 0 \tag{7.2}$$

besteht. Für $\varepsilon^2 = +1$ (Flächen mit $K < 0$) ist dieses System vom hyperbolischen und für $\varepsilon^2 = -1$ (Flächen mit $K > 0$) vom elliptischen Typ. Die gemeinsame Behandlung der beiden Systemtypen war durch die hinreichende Bedingung der Holomorphie der Störfunktionen $\varPhi_i(x,y)$ möglich. Mit (5.14) wurde in 5. die Lösung des Systems (7.2) gefunden:

---

[5] Fortan wird für u^1, u^2 stets x, y geschrieben und für $\sinh x$, $\cosh x$ stets $\operatorname{sh} x$, $\operatorname{ch} x$.

$$S(x,y) = \frac{1}{2}\left[\frac{1}{\varepsilon}\int\limits_0^y \Phi_1\left(x+\frac{t}{\varepsilon},y-t\right)dt - \frac{1}{\varepsilon}\int\limits_0^y \Phi_1\left(x-\frac{t}{\varepsilon},y-t\right)dt + \right.$$

$$-\int\limits_0^y \Phi_2\left(x+\frac{t}{\varepsilon},y-t\right)dt - \int\limits_0^y \Phi_2\left(x-\frac{t}{\varepsilon},y-t\right)dt +$$

$$-\varepsilon T\left(x+\frac{y}{\varepsilon},0\right) + \varepsilon T\left(x-\frac{y}{\varepsilon},0\right) + S\left(x+\frac{y}{\varepsilon},0\right) +$$

$$\left. + S\left(x-\frac{y}{\varepsilon},0\right)\right]$$

$$T(x,y) = \frac{1}{2}\left[-\frac{1}{\varepsilon^2}\int\limits_0^y \Phi_1\left(x+\frac{t}{\varepsilon},y-t\right)dt - \frac{1}{\varepsilon^2}\int\limits_0^y \Phi_1\left(x-\frac{t}{\varepsilon},y-t\right)dt + \right.$$

$$+\frac{1}{\varepsilon}\int\limits_0^y \Phi_2\left(x+\frac{t}{\varepsilon},y-t\right)dt - \frac{1}{\varepsilon}\int\limits_0^y \Phi_2\left(x-\frac{t}{\varepsilon},y-t\right)dt +$$

$$+ T\left(x+\frac{y}{\varepsilon},0\right) + T\left(x-\frac{y}{\varepsilon},0\right) - \frac{1}{\varepsilon} S\left(x+\frac{y}{\varepsilon},0\right) +$$

$$\left. + \frac{1}{\varepsilon} S\left(x-\frac{y}{\varepsilon},0\right)\right].$$

(7.3)

Die Schwierigkeit besteht nun weniger in der Auswertung der in (7.3) enthaltenen Integrale als vielmehr in der Vorgabe sinnvoller Randwerte $S(x,0)$, $T(x,0)$. Hierzu wird auf die Beispiele in 8., 9. und 10. verwiesen.

Die Kenntnis der Lösungen (7.3) erlaubt mittels (3.18) die Berechnung der Tensorkomponenten n^{11}, n^{12}. Die Funktion n^{22} wird nach (3.1a), also mit Hilfe der Gleichgewichtsbedingung in Richtung der Flächennormalen bestimmt:

$$n^{22} = \varepsilon^2\left(n^{11} + \frac{X^3}{\overline{b}}\right). \tag{7.4}$$

Aus dem Spannungstensor erhält man die physikalischen Schnittkräfte (vgl. [7]):

$$n^{(ik)} = \sqrt{\frac{g_{kk}}{g^{ii}}}\; n^{ik}. \tag{7.5}$$

Die Gleichungen (7.3) erlauben für die Anwendungen in der momentenfreien Theorie einen Rückschluß auf zulässige Randfunktionen $S(x,0)$, $T(x,0)$ und sie geben – bei Kenntnis von $S(x,0)$ und $T(x,0)$ und Erfüllung der Holomorphievoraussetzungen – die Lösung jedes Systems (7.2). Auch für Randwertvorgaben $S(0,y)$, $T(0,y)$ läßt sich (7.3) verwenden, beachtet man nur die zurücktransformierten Verträglichkeitsbedingungen (5.8):

$$S(x,0) = \frac{1}{2}\left\{\int\limits_0^x \left[\varepsilon\Phi_2[\tau,\varepsilon(x-\tau)] - \varepsilon\Phi_2[\tau,\varepsilon(\tau-x)] - \Phi_1[\tau,\varepsilon(x-\tau)] + \right.\right.$$

$$-\Phi_1[\tau,\varepsilon(\tau-x)]]\,d\tau + S(0,\varepsilon x) + S(0,-\varepsilon x) - \varepsilon T(0,\varepsilon x) +$$

$$+ \varepsilon T(0,-\varepsilon x)\}$$

34

$$T(x, 0) = \frac{1}{2\,\varepsilon} \left\{ \int\limits_0^x \left[\Phi_1[\tau, \varepsilon(x-\tau)] - \Phi_1[\tau, \varepsilon(\tau-x)] - \varepsilon\Phi_2[\tau, \varepsilon(x-\tau)] + \right. \right.$$

$$\left. - \varepsilon\Phi_2[\tau, \varepsilon(\tau-x)]\right] d\tau - S(0, \varepsilon x) + S(0, -\varepsilon x) + \varepsilon T(0, \varepsilon x) +$$

$$\left. + \varepsilon T(0, -\varepsilon x) \right\}. \tag{7.6}$$

Die nachstehenden Anwendungen beginnen mit der ausführlichen Berechnung des Membranspannungszustandes einer Ellipsoidschale unter Normaldruckbelastung. Weitere Beispiele werden wegen der Analogie aller Probleme nur kurz angeführt. Die Brauchbarkeit der Lösungsmethode für unsymmetrische Belastungen einer Fläche zweiter Ordnung wird an Hand des Membranspannungszustandes einer Kugel unter Winddruck gezeigt.

8. Normaldruckbelastung

8.1 Flächen zweiter Ordnung mit positivem Gaussschen Krümmungsmaß

8.1.1 Das allgemeine Ellipsoid

Das dreiachsige Ellipsoid sei durch die Parameterdarstellung (7.1) gegeben:

$$\mathfrak{r}(x, y) = \left\{ a\,\frac{\cos x}{\operatorname{ch} y}, \, b\,\frac{\sin x}{\operatorname{ch} y}, \, c\,\operatorname{tgh} y \right\}. \tag{8.1}$$

Bei Einschränkung der Parameter $(0 \leq x < 2\,\pi, \, -\infty \leq y \leq +\infty)$ wird der Gesamtheit aller Flächenpunkte eineindeutig der (»halboffene«) Streifen der x,y-Ebene zugeordnet (vgl. Abb. 3).

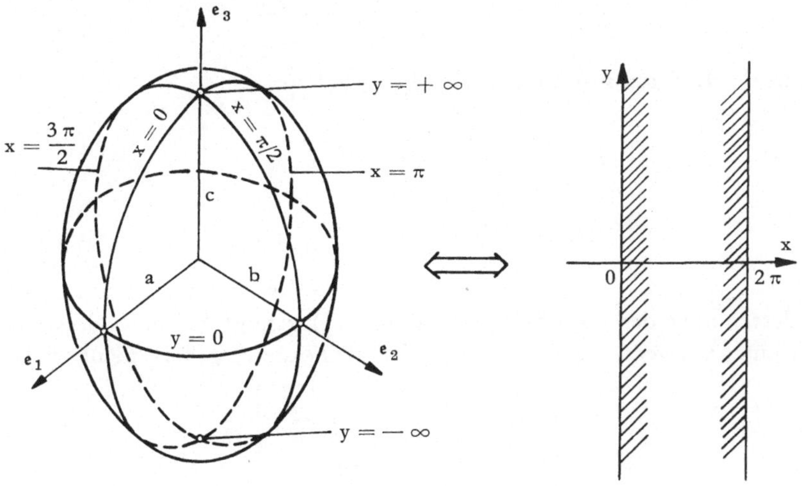

Abb. 3

Wegen der Periodizität der trigonometrischen Funktionen in (8.1) läßt sich jedem Punkt der x,y-Ebene ein solcher auf der Fläche zuordnen, so daß die gesuchten Funktionen $S(x,y)$ und $T(x,y)$ auch in jedem Punkt der Ebene erklärt sind. Damit existieren die Störfunktionen von (7.2) im I. Quadranten der x,y-Ebene, und die $\mathfrak{L}^2$-Transformation darf auf dieses Problem angewandt werden. Die Konstruktion der Lösung (5.15) setzt eine spezielle Wahl des Randes, nämlich $y = \text{const} = 0$, voraus. Eine allgemeinere Stützung bietet – wie später [Gleichung (8.14) und folgende] gezeigt wird – keine zusätzlichen Schwierigkeiten.

Aus der Vektordarstellung der Fläche ergibt sich das örtliche Dreibein

$$\mathfrak{r}_1 = \frac{\partial \mathfrak{r}}{\partial x}, \quad \mathfrak{r}_2 = \frac{\partial \mathfrak{r}}{\partial y}, \quad \mathfrak{r}_3 = \mathfrak{N} = \frac{\mathfrak{r}_1 \times \mathfrak{r}_2}{|\mathfrak{r}_1 \times \mathfrak{r}_2|}. \tag{8.2}$$

Die Belastung P wird in ihre Komponenten X^i bezüglich dieses Koordinatensystems zerlegt:

$$\mathfrak{P} = \{P_1, P_2, P_3\} = X^i \mathfrak{r}_i. \tag{8.3}$$

Für die konstante Normaldruckbelastung ist der Belastungszustand durch die Komponenten

$$X^1 = X^2 = 0, \quad X^3 = -p \tag{8.4}$$

(p konstant) bestimmt. Die Koeffizienten der I. Grundform $g_{ik} = \mathfrak{r}_i \mathfrak{r}_k$ (kovariante Komponenten des Maßtensors) ergeben sich zu:

$$g_{11} = \frac{a^2 \sin^2 x + b^2 \cos^2 x}{\operatorname{ch}^2 y}$$

$$g_{12} = g_{21} = (a^2 - b^2) \sin x \cos x \, \frac{\operatorname{sh} y}{\operatorname{ch}^3 y} \tag{8.5}$$

$$g_{22} = \frac{\operatorname{sh}^2 y (a^2 \cos^2 x + b^2 \sin^2 x) + c^2}{\operatorname{ch}^4 y}$$

und die der II. Grundform $b_{ik} = \sqrt{g}^{-1} |\mathfrak{r}_1 \mathfrak{r}_2 \mathfrak{r}_{ik}|$ zu:

$$b_{11} = \frac{-abc}{\operatorname{ch}^4 y} \sqrt{g}^{-1}$$

$$b_{12} = b_{21} = 0 \tag{8.6}$$

$$b_{22} = \frac{-abc}{\operatorname{ch}^4 y} \sqrt{g}^{-1}.$$

Die Berechnung der »Störfunktionen« $\Phi_i(x,y)$ gelingt auf besonders einfache Weise unter Verwendung der Tatsache, daß die Forderung (3.24) identisch ist mit:

$$\Gamma_{22}^1 = -\varepsilon^2 \frac{\partial}{\partial x} \left[\ln \sqrt[8]{\frac{g}{b^6}} \right]$$

$$\Gamma_{12}^1 + 2\Gamma_{22}^2 = \frac{\partial}{\partial y} \left[\ln \sqrt[8]{\frac{g^7}{b^2}} \right]. \tag{8.7}$$

Wie in 4. bewiesen wurde, ist (8.7) für sämtliche Flächen zweiter Ordnung gültig. Damit erhält man aus der allgemeinen Form der Störfunktionen

$$\Phi_1 = \sigma \left\{ X^2 + \varepsilon^2 \frac{\partial}{\partial y} \left(\frac{X^3}{\bar{b}} \right) + \varepsilon^2 \frac{X^3}{\bar{b}} \frac{\partial}{\partial y} \left[\ln \sqrt[8]{\frac{g^7}{\bar{b}^2}} \right] \right\}$$

$$\Phi_2 = \sigma \left\{ X^1 - \frac{X^3}{\bar{b}} \frac{\partial}{\partial x} \left[\ln \sqrt[8]{\frac{g}{\bar{b}^6}} \right] \right\} \tag{8.8}$$

über (3.17) und (8.4)–(8.6) diejenigen eines allgemeinen Ellipsoids unter Normaldruck:

$$\Phi_1(x, y) = - \frac{p}{\sqrt{abc}} \frac{\operatorname{sh} y}{\operatorname{ch}^5 y} \left[a^2 b^2 (4 - \operatorname{ch}^2 y) - 4 c^2 (a^2 \sin^2 x + b^2 \cos^2 x) \right]$$

$$\Phi_2(x, y) = - \frac{p}{\sqrt{abc}} \frac{c^2 (a^2 - b^2) \sin x \cos x}{\operatorname{ch}^4 y} . \tag{8.9}$$

Die in 5. konstruierte Lösung des Systems (7.2) verlangt neben der Kenntnis der Randwerte $S(x, 0)$, $T(x, 0)$ noch die Durchführung einer Integration über Real- und Imaginärteil beider Störfunktionen $\Phi_i[x + i\eta, y - \eta]$, d. h. über folgende Anteile[6]:

$$\operatorname{Re} \Phi_1[x + i\tau, y - \tau] = \frac{-p}{\sqrt{abc}} \left\{ 4 \frac{\operatorname{sh}(y - \tau)}{\operatorname{ch}^5(y - \tau)} \left[b^2 (a^2 - c^2) + \right. \right.$$

$$+ c^2 (a^2 - b^2) (\sin^2 x \operatorname{sh}^2 y - \cos^2 x \operatorname{ch}^2 y)] +$$

$$+ 8 c^2 (a^2 - b^2) (\sin^2 x - \cos^2 x) \operatorname{sh} y \operatorname{ch} y \frac{\operatorname{sh}^2(y - \tau)}{\operatorname{ch}^4(y - \tau)} +$$

$$- \frac{\operatorname{sh}(y - \tau)}{\operatorname{ch}^3(y - \tau)} \left[a^2 b^2 + (\sin^2 x - \cos^2 x) 4 c^2 (a^2 - b^2) (\operatorname{ch}^2 y + \operatorname{sh}^2 y) \right] \Big\}$$

$$\operatorname{Im} \Phi_1[x + i\tau, y - \tau] = \frac{p}{\sqrt{abc}} 8 c^2 (a^2 - b^2) \sin x \cos x \left\{ \operatorname{sh} y \operatorname{ch} y \left[2 \frac{\operatorname{sh}(y - \tau)}{\operatorname{ch}^3(y - \tau)} + \right. \right.$$

$$- \frac{\operatorname{sh}(y - \tau)}{\operatorname{ch}^5(y - \tau)} \right] - (\operatorname{sh}^2 y + \operatorname{ch}^2 y) \frac{\operatorname{sh}^2(y - \tau)}{\operatorname{ch}^4(y - \tau)} \Big\}$$

$$\operatorname{Re} \Phi_2[x + i\tau, y - \tau] = \frac{-p}{\sqrt{abc}} c^2 (a^2 - b^2) \sin x \cos x \left\{ (\operatorname{sh}^2 y + \operatorname{ch}^2 y) \left[\frac{1}{\operatorname{ch}^2(y - \tau)} + \right. \right.$$

$$+ \frac{\operatorname{sh}^2(y - \tau)}{\operatorname{ch}^4(y - \tau)} \right] - 4 \operatorname{sh} y \operatorname{ch} y \frac{\operatorname{sh}(y - \tau)}{\operatorname{ch}^3(y - \tau)} \Big\}$$

[6] Um bei einer späteren numerischen Behandlung nur trigonometrische Funktionen eines Argumentes berechnen zu müssen, wurde auf Vereinfachungen durch Anwendung der Additionstheoreme verzichtet.

$$\mathrm{Im}\,\varPhi_2\,[x+i\tau,y-\tau]=\frac{p}{\sqrt{abc}}\,c^2(a^2-b^2)\,(\sin^2 x-\cos^2 x)\left\{\mathrm{sh}\,y\,\mathrm{ch}\,y\left[\frac{1}{\mathrm{ch}^2\,(y-\tau)}+\right.\right.$$

$$\left.\left.-\frac{\mathrm{sh}^2\,(y-\tau)}{\mathrm{ch}^4\,(y-\tau)}\right]-(\mathrm{sh}^2 y+\mathrm{ch}^2 y)\,\frac{\mathrm{sh}\,(y-\tau)}{\mathrm{ch}^3\,(y-\tau)}\right\}. \tag{8.10}$$

Die Größen (8.10) wurden dabei in eine für die (im vorliegenden Falle geschlossen ausführbare) Integration über τ günstige Form gebracht. Die Lösung der Differentialgleichungen (7.2) mit den Störfunktionen (8.9) ist dann

$$S(x,y)=\frac{p}{\sqrt{abc}}\,c^2(a^2-b^2)\sin x\cos x\,\frac{\mathrm{sh}\,y}{\mathrm{ch}^3\,y}-\mathrm{Im}\,T(x+iy,0)$$

$$+\,\mathrm{Re}\,S(x+iy,0)$$

$$T(x,y)=\frac{p}{\sqrt{abc}}\left\{c^2(a^2+b^2)-a^2b^2-\frac{a^2b^2+c^2(a^2-b^2)\,(\cos^2 x-\sin^2 x)}{\mathrm{ch}^2\,y}+\right.$$

$$\left.+\,2\,\frac{a^2b^2-c^2(a^2\sin^2 x+b^2\cos^2 x)}{\mathrm{ch}^4\,y}\right\}+$$

$$+\,\mathrm{Re}\,T(x+iy,0)+\mathrm{Im}\,S(x+iy,0). \tag{8.11}$$

Bei Kenntnis der Randwerte $S(x,0)$, $T(x,0)$ kann das Problem als gelöst angesehen werden. Das mathematische Problem erlaubt noch die Vorgabe der Randwerte $S(x,0)$, $T(x,0)$. Die physikalischen Gegebenheiten des Problems führen aber zu Einschränkungen für diese Randwerte. Es soll nun versucht werden, diese zu ermitteln.

Zunächst sei darauf hingewiesen, daß die physikalischen Schnittgrößen nach (3.18), (7.4) und (7.5) aus den Lösungsfunktionen $S(x,y)$, $T(x,y)$ gebildet werden.

Wie aus (8.1) und Abb. 3 zu ersehen ist, entspricht dem »höchsten« Flächenpunkt der Parameterwert $y=+\infty$. Für dieses Argument wird jedoch der Faktor in (3.18)

$$\frac{1}{\sigma(x,y)}=\frac{1}{g\sqrt[4]{K}}=\frac{\mathrm{ch}^5\,y}{\sqrt{abc}}\cdot\frac{1}{\sqrt{a^2b^2\,\mathrm{sh}^2\,y+c^2(a^2\sin^2 x+b^2\cos^2 x)}} \tag{8.12}$$

mit e^{4y} singulär und die physikalischen Größen würden bei Berücksichtigung von (7.5) und (8.5) und bei beliebiger Wahl von $S(x,0)$, $T(x,0)$ noch mit e^{2y} singulär. Die Vorgabe der Randwerte bestimmt somit das Verhalten der physikalischen Schnittgrößen im Flächenpunkt ($y=+\infty$). Bei stetiger Belastung der Schalenmittelfläche fordert man deshalb, daß die Lösungsfunktionen (8.11) noch mit e^{-2y} (für $y\to\infty$) gegen Null streben.

Eine schubspannungsfreie Lagerung auf dem Rande $y=0$ (d. h. $S(x,0)=0$) läßt sich ohne Singularität für $y\to+\infty$ für ein allgemeines Ellipsoid unter konstantem Normaldruck, wie sich aus (8.11) mit $y \to +\infty$ ergibt, mit folgendem Randwert $T(x, 0)$ verwirklichen:

$$T(x, 0) = \frac{p}{\sqrt{abc}} \frac{(a^2 b^2 - a^2 c^2 - b^2 c^2)}{2}.$$

Das Lösungspaar des Systems (7.2) mit den Störfunktionen (8.9) ergibt sich aus (8.11) und hat die gewünschte Eigenschaft im »höchsten« Punkt:

$$S(x, y) = \frac{p}{\sqrt{abc}} c^2 (a^2 - b^2) \sin x \cos x \frac{\operatorname{sh} y}{\operatorname{ch}^3 y}$$

$$T(x, y) = \frac{-p}{2\sqrt{abc}\ \operatorname{ch}^2 y} \left\{ a^2 b^2 + c^2 (a^2 - b^2)(\cos^2 x - \sin^2 x) + \right.$$

$$\left. - 2 \frac{a^2 b^2 - c^2 (a^2 \sin^2 x + b^2 \cos^2 x)}{\operatorname{ch}^2 y} \right\}. \qquad (8.13)$$

Für eine Stützung auf dem Rande ($y = 0$) sind mit (8.13), (3.18), (7.4) und (7.5) auch die physikalischen Schnittgrößen bekannt. Eine beliebige horizontale (d. h. parallel zur Ebene der Vektoren e_1, e_2 verlaufende) Randkurve erreicht man durch Umnumerieren der y-Parameterlinien. Jetzt ist die Fläche durch folgende Vektordarstellung gegeben:

$$\mathfrak{r}(x, y) = \left\{ a\, \frac{\cos x}{\operatorname{ch}(\alpha + y)}, \ b\, \frac{\sin x}{\operatorname{ch}(\alpha + y)}, \ c\, \operatorname{tgh}(\alpha + y) \right\}. \qquad (8.14)$$

Es ist das System (7.2) mit den Störfunktionen

$$\Phi_1(x, y) = \frac{-p\,\operatorname{sh}(\alpha + y)}{\sqrt{abc}\ \operatorname{ch}^5(\alpha + y)} \left\{ a^2 b^2 [4 - \operatorname{ch}^2(\alpha + y)] - 4\,c^2 (a^2 \sin^2 x + b^2 \cos^2 x) \right\}$$

$$\Phi_2(x, y) = \frac{-p\,c^2 (a^2 - b^2) \sin x \cos x}{\sqrt{abc}\ \operatorname{ch}^4(\alpha + y)}. \qquad (8.15)$$

zu lösen. Als Flächenberandung wird eine horizontale Ellipse $y = 0$ gewählt. Die Höhe der Stützkurve ist durch $c \cdot \operatorname{tgh} \alpha$ gegeben.

Durchläuft der Parameter α den Bereich $0 \leqq \alpha \leqq \infty$, so wandert die Stützellipse in der e_3-Richtung (vgl. Abb. 4).

Die gesuchten Funktionen $S(x, y)$, $T(x, y)$ werden auf die gleiche Weise nach (7.3) berechnet, wie es vorstehend für den Fall $\alpha = 0$ gezeigt wurde. Man kann zunächst aus (8.13) über eine nicht schubspannungsfreie Stützung ein Lösungspaar

$$S(x, y) = \frac{p}{\sqrt{abc}} c^2 (a^2 - b^2) \sin x \cos x \frac{\operatorname{sh}(\alpha + y)}{\operatorname{ch}^3(\alpha + y)}$$

$$T(x, y) = \frac{-p}{2\sqrt{abc}\ \operatorname{ch}^2(\alpha + y)} \left\{ a^2 b^2 + c^2 (a^2 - b^2)(\cos^2 x - \sin^2 x) + \right. \qquad (8.16)$$

$$\left. - 2 \frac{a^2 b^2 - c^2 (a^2 \sin^2 x + b^2 \cos^2 x)}{\operatorname{ch}^2(\alpha + y)} \right\}$$

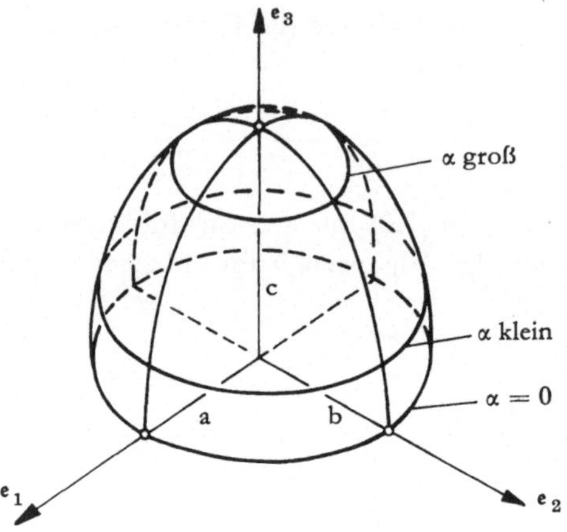

Abb. 4

und hieraus ein Funktionenpaar (8.17) erhalten, welches das gewünschte Verhalten im Punkte ($y = +\infty$) besitzt und eine schubspannungsfreie Lagerung ($S(x, 0) = 0$) bewirkt:

$$S(x,y) = \frac{p}{\sqrt{abc}}\, c^2(a^2 - b^2) \sin x \cos x \left[\frac{\mathrm{sh}\,(\alpha + y)}{\mathrm{ch}^3\,(\alpha + y)} - e^{-2y}\,\frac{\mathrm{sh}\,\alpha}{\mathrm{ch}^3\,\alpha}\right]$$

$$T(x,y) = \frac{p}{\sqrt{abc}} \left\{ \frac{a^2 b^2 - c^2(a^2 \sin^2 x + b^2 \cos^2 x)}{\mathrm{ch}^4\,(\alpha + y)} - \frac{a^2 b^2}{2\,\mathrm{ch}^2\,(\alpha + y)} + \right.$$

$$\left. + \frac{c^2(a^2 - b^2)\,(\sin^2 x - \cos^2 x)}{2} \left[\frac{1}{\mathrm{ch}^2\,(\alpha + y)} - e^{-2y}\,\frac{\mathrm{sh}\,\alpha}{\mathrm{ch}^3\,\alpha}\right]\right\}. \tag{8.17}$$

Die physikalischen Schnittgrößen eines allgemeinen Ellipsoids unter Normaldruckbelastung werden für beliebige horizontale Stützungen aus (8.17) mittels (3.18), (7.4) und (7.5) berechnet. Die entsprechenden Formeln sind für alle Flächen zweiter Ordnung in den Tab. 1 und 2 ($K > 0$ und $K < 0$) zusammengestellt.

Eine Reihe von Autoren hat den Membranspannungszustand eines Rotationsellipsoids unter Normaldruck behandelt[7] und Ergebnisse der Schnittgrößenfunktionen veröffentlicht. Als Stützkurve wurde die Ellipse in der e_1, e_2-Ebene gewählt (entspricht $\alpha = 0$).

Bei Durchführung einer Koordinatentransformation und unter Berücksichtigung von

$$\alpha = 0,\ a = b = r$$

müßte die gefundene (und in Tab. 1 aufgeführte) Lösung mit den bekannten Schnittgrößen übereinstimmen.

[7] [4] S. 27; [5] S. 235; [12] Anhang; [15] S. 139.

Tab. 1 *Schnittkräfte von Flächen zweiter Ordnung unter Normaldruckbelastung (Membrantheorie)*

allgemeines Ellipsoid $\mathfrak{r}(x,y) = \left\{ \dfrac{a\cos x}{\mathrm{ch}\,(\alpha + y)} \; ; \; \dfrac{b\sin x}{\mathrm{ch}\,(\alpha + y)} \; ; \; c\,\mathrm{tgh}\,(\alpha + y) \right\}$	$n^{(11)} = \dfrac{p\,\mathrm{ch}^3\,(\alpha + y)}{2\,abc} \sqrt{\dfrac{A}{c^2 + \mathrm{sh}^2\,(\alpha + y)\,B}} \times$ $\times \left\{ \dfrac{a^2 b^2 - b^2 c^2 - a^2 c^2 - \mathrm{sh}^2\,(\alpha + y)\,[a^2 b^2 + D]}{\mathrm{ch}^4\,(\alpha + y)} + \dfrac{D}{e^{2y}} \cdot \dfrac{\mathrm{sh}\,\alpha}{\mathrm{ch}^3\,\alpha} \right\}$ $n^{(12)} = \dfrac{p\,c^2(a^2 - b^2)\,\sin x \cos x\,\mathrm{ch}^2\,(\alpha + y)}{abc} \left\{ \dfrac{\mathrm{sh}\,(\alpha + y)}{\mathrm{ch}^3\,(\alpha + y)} - \dfrac{\mathrm{sh}\,\alpha}{e^{2y}\,\mathrm{ch}^3\,\alpha} \right\}$ $n^{(22)} = \dfrac{-p}{2\,abc\,\mathrm{ch}\,(\alpha + y)} \sqrt{\dfrac{c^2 + \mathrm{sh}^2\,(\alpha + y)\,B}{A}} \times$ $\times \left\{ a^2 b^2 + D \cdot \mathrm{ch}^2\,(\alpha + y) \left[\dfrac{1}{\mathrm{ch}^2\,(\alpha + y)} - \dfrac{\mathrm{sh}\,\alpha}{e^{2y}\,\mathrm{ch}^3\,\alpha} \right] \right\}$	
zweischaliges Hyperboloid $\mathfrak{r}(x,y) = \left\{ \dfrac{a\cos x}{\mathrm{sh}\,(\alpha - y)} \; ; \; \dfrac{b\sin x}{\mathrm{sh}\,(\alpha - y)} \; ; \; c\,\mathrm{ctgh}\,(\alpha - y) \right\}$	$n^{(11)} = \dfrac{p\,\mathrm{sh}^3\,(\alpha - y)}{2\,abc} \sqrt{\dfrac{A}{c^2 + \mathrm{ch}^2\,(\alpha - y)\,B}} \times$ $\times \left\{ \dfrac{- a^2 b^2 - b^2 c^2 - a^2 c^2 - \mathrm{ch}^2\,(\alpha - y)\,[a^2 b^2 - D]}{\mathrm{sh}^4\,(\alpha - y)} + \dfrac{D}{e^{2y}} \cdot \dfrac{\mathrm{ch}\,\alpha}{\mathrm{sh}^3\,\alpha} \right\}$ $n^{(12)} = \dfrac{p\,c^2(a^2 - b^2)\,\sin x \cos x\,\mathrm{sh}^2\,(\alpha - y)}{abc} \left\{ \dfrac{\mathrm{ch}\,(\alpha - y)}{\mathrm{sh}^3\,(\alpha - y)} - \dfrac{\mathrm{ch}\,\alpha}{e^{2y}\,\mathrm{sh}^3\,\alpha} \right\}$ $n^{(22)} = \dfrac{-p}{2\,abc\,\mathrm{sh}\,(\alpha - y)} \sqrt{\dfrac{c^2 + \mathrm{ch}^2\,(\alpha - y)\,B}{A}} \times$ $\times \left\{ a^2 b^2 + D\,\mathrm{sh}^2\,(\alpha - y) \left[\dfrac{1}{\mathrm{sh}^2\,(\alpha - y)} + \dfrac{\mathrm{ch}\,\alpha}{e^{2y}\,\mathrm{sh}^3\,\alpha} \right] \right\}$	
elliptisches Paraboloid $\mathfrak{r}(x,y) = \left\{ \dfrac{a\cos x}{e^y} \; ; \; \dfrac{b\sin x}{e^y} \; ; \; \dfrac{c}{2\,e^{2y}} \right\}$	$n^{(11)} = \dfrac{p\,e^y}{2\,abc} \sqrt{\dfrac{A}{c^2 + e^{2y}\,B}} \left\{ a^2 b^2 + D + \dfrac{2\,c^2(a^2 + b^2) - 3D}{2\,e^{2y}} \right\}$ $n^{(12)} = \dfrac{p\,c^2(a^2 - b^2)\,\sin x \cos x}{abc\,e^{2y}}\,(1 - e^{2y})$ $n^{(22)} = \dfrac{-p}{2\,abc\,e^y} \sqrt{\dfrac{c^2 + e^{2y}\,B}{A}} \left\{ - a^2 b^2 + D - \dfrac{D}{2\,e^{2y}} \right\}$	wobei $A = a^2 \sin^2 x + b^2 \cos^2 x$ $B = a^2 \cos^2 x + b^2 \sin^2 x$ $D = c^2(a^2 - b^2)\,(\cos^2 x - \sin^2 x)$ gilt.

Zunächst gilt

$$n^{(11)} = \frac{-\,pr\,[r^2\,\mathrm{ch}^2\,y - 2\,(r^2 - c^2)]}{2\,c\,\mathrm{ch}\,y\,\sqrt{c^2 + r^2\,\mathrm{sh}^2\,y}}$$

$$n^{(12)} = n^{(21)} = 0 \tag{8.18}$$

$$n^{(22)} = -\,\frac{pr}{2\,c}\,\frac{\sqrt{c^2 + r^2\,\mathrm{sh}^2\,y}}{\mathrm{ch}\,y}\,.$$

Aus Abb. 5 lassen sich die Beziehungen

$$\mathrm{tg}^2\,\vartheta = \left(\frac{dz}{dx}\right)^2 = \frac{b^2\,(b^2 - z^2)}{a^2\,z^2}$$

$$\sin^2\,\vartheta = \frac{\mathrm{tg}^2\,\vartheta}{1 + \mathrm{tg}^2\,\vartheta} = \frac{c^2}{c^2 + r^2\,\mathrm{sh}^2\,y}$$

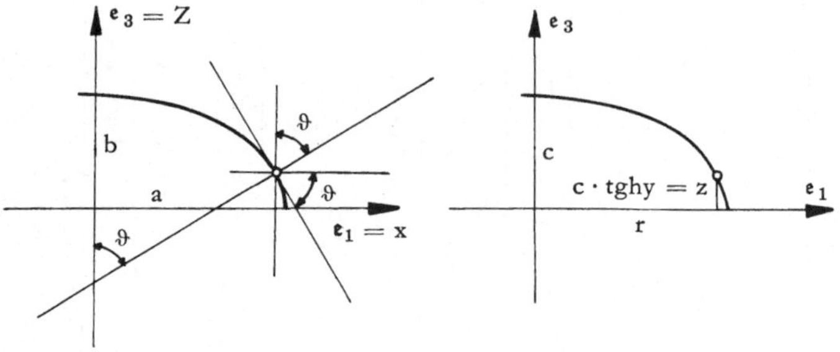

Abb. 5

entnehmen, welche – eingesetzt in (8.18) – tatsächlich zu einer Übereinstimmung mit den bei [4], [5], [12], [15] angegebenen Schnittgrößen für das Rotationsellipsoid führen.

Für die Normaldruckbelastung einer Kugelschale gilt nach (8.18) mit $r = c$

$$n^{(11)} = n^{(22)} = -\,\frac{pr}{2}$$

$$n^{(12)} = n^{(21)} = 0\,.$$

8.1.2 Das zweischalige Hyperboloid

Die Darstellung der Fläche sei zunächst in der Form (7.1) gegeben, so daß das Gleichgewichtssystem des Membranspannungszustandes in ein System (7.2) überführt werden kann. Weil jedoch die Kurve $y = 0$ die unendlich ferne horizontale Ellipse ist, wird eine Umnumerierung der y-Linien durchgeführt. Für die Vektordarstellung der Fläche gilt dann:

$$\mathbf{r}(x,y) = \left\{ a\,\frac{\cos x}{\mathrm{sh}\,(\alpha - y)},\ b\,\frac{\sin x}{\mathrm{sh}\,(\alpha - y)},\ c\,\mathrm{ctgh}\,(\alpha - y) \right\}. \tag{8.19}$$

42

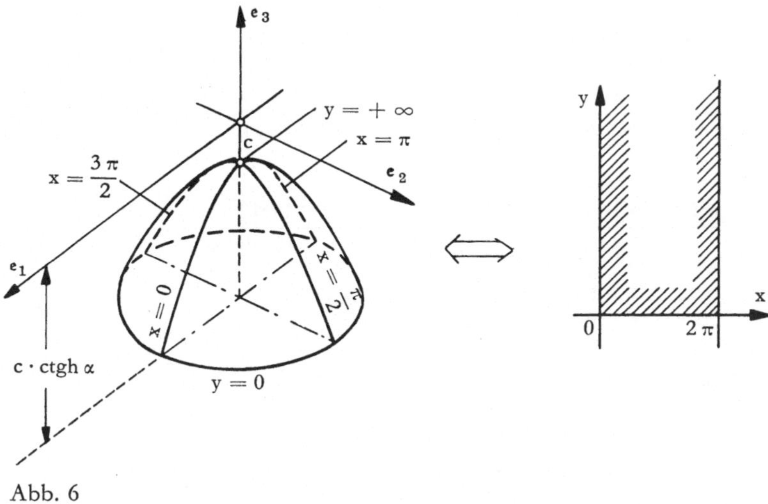

Abb. 6

Die Parameter durchlaufen bei einer eindeutigen Abbildung des in Abb. 6 ge-
zeigten Flächenstückes auf den »oberen, halboffenen« Streifen der x,y-Ebene
den Bereich $0 \leq x < 2\,\pi,\ 0 \leq y \leq +\infty$.
Wegen der Periodizität der trigonometrischen Funktionen sind wiederum alle auf
der Fläche definierten Funktionen auch im I. Quadranten der x,y-Ebene erklärt,
und die $\mathfrak{L}^2$-Transformation kann angewandt werden.
Zunächst berechnet man auf bekannte Weise die Störfunktionen (3.20). Vorteilhaft ist wiederum die Verwendung von (8.7). Das Problem besteht dann in der
Lösung des Differentialgleichungssystems

$$\frac{\partial S(x,y)}{\partial x} - \frac{\partial T(x,y)}{\partial y} - \frac{p}{\sqrt{abc}}\,\frac{\mathrm{ch}\,(\alpha-y)}{\mathrm{sh}^5\,(\alpha-y)}\,\{a^2 b^2[\mathrm{sh}^2\,(\alpha-y)-4]\, +$$

$$+\ 4\,c^2(a^2\sin^2 x + b^2\cos^2 x)\} = 0 \tag{8.20}$$

$$\frac{\partial T(x,y)}{\partial x} + \frac{\partial S(x,y)}{\partial y} - \frac{p}{\sqrt{abc}}\,\frac{c^2(a^2-b^2)\sin x\cos x}{\mathrm{sh}^4\,(\alpha-y)} = 0.$$

Die Ausführung der Integration ist geschlossen möglich. Nach leichter aber
umfangreicher Zwischenrechnung ergibt sich

$$S(x,y) = \frac{p}{\sqrt{abc}}\,c^2(a^2-b^2)\sin x\cos x\left\{\frac{\mathrm{ch}\,(\alpha-y)}{\mathrm{sh}^3\,(\alpha-y)} - \mathrm{ctgh}\,\alpha\left[4 + \frac{3}{\mathrm{sh}^2\,\alpha}\right]\, +\right.$$

$$+\ \mathrm{sh}\,(\alpha-y)\,\mathrm{ch}\,(\alpha-y)\cdot\left[8 + \frac{10}{\mathrm{sh}^2\,\alpha} + \frac{2}{\mathrm{sh}^4\,\alpha}\right]\, +$$

$$\left. -\ 2\,\mathrm{sh}^2\,(\alpha-y)\left[4\,\mathrm{ctgh}\,\alpha + 3\,\frac{\mathrm{ctgh}\,\alpha}{\mathrm{sh}^2\,\alpha}\right]\right\} - \mathrm{Im}\,T(x+iy,0)\, +$$

$$+\ \mathrm{Re}\,S(x+iy,0).$$

$$T(x,y) = \frac{p}{\sqrt{abc}} \left\{ c^2(a^2 - b^2)(\sin^2 x - \cos^2 x)\left[\operatorname{sh}^2(\alpha - y)\left(4 + \frac{5}{\operatorname{sh}^2\alpha} + \frac{1}{\operatorname{sh}^4\alpha}\right) + \right.\right.$$

$$\left. - \operatorname{sh}(\alpha - y)\operatorname{ch}(\alpha - y)\left(4\operatorname{ctgh}\alpha + 3\,\frac{\operatorname{ctgh}\alpha}{\operatorname{sh}^2\alpha}\right)\right] + \frac{a^2 b^2(2 + \operatorname{sh}^2\alpha)}{2\operatorname{sh}^4\alpha} +$$

$$+ \frac{c^2(a^2\sin^2 x + b^2\cos^2 x)}{\operatorname{sh}^4\alpha} + \frac{c^2(a^2 - b^2)(\sin^2 x - \cos^2 x)}{2\operatorname{sh}^2\alpha}(5 + 4\operatorname{sh}^2\alpha) +$$

$$- \frac{a^2 b^2 + c^2(a^2 - b^2)(\sin^2 x - \cos^2 x)}{2\operatorname{sh}^2(\alpha - y)} + \tag{8.21}$$

$$\left. - \frac{a^2 b^2 + c^2(a^2\sin^2 x + b^2\cos^2 x)}{\operatorname{sh}^4(\alpha - y)}\right\} + \operatorname{Re} T(x + iy, 0) + \operatorname{Im} S(x + iy, 0).$$

Wird gefordert, daß die physikalischen Schnittgrößen im »höchsten« Flächenpunkt ($y = +\infty$) beschränkt sind, so muß nach (7.4), (7.5) $S(x,y)$ und $T(x,y)$ mit $e^{2(\alpha - y)}$ (für $y \to \infty$) gegen Null streben.

Eine schubspannungsfreie Lagerung ($S(x, 0) = 0$) ist nur dann zu verwirklichen, wenn $T(x, 0)$ derart existiert, daß

$$\operatorname{Re} T(x + iy, 0) = \frac{p}{\sqrt{abc}}\left\{ c^2(a^2 - b^2)(\cos^2 x - \sin^2 x)\left[\operatorname{sh}^2(\alpha - y)\left(4 + \frac{5}{\operatorname{sh}^2\alpha} + \right.\right.\right.$$

$$\left.\left. + \frac{1}{\operatorname{sh}^4\alpha}\right) - \operatorname{sh}(\alpha - y)\operatorname{ch}(\alpha - y)\operatorname{ctgh}\alpha\left(4 + \frac{3}{\operatorname{sh}^2\alpha}\right)\right] +$$

$$- \frac{a^2 b^2(2 + \operatorname{sh}^2\alpha)}{2\operatorname{sh}^4\alpha} - \frac{c^2(a^2\sin^2 x + b^2\cos^2 x)}{\operatorname{sh}^4\alpha} +$$

$$+ \frac{c^2(a^2 - b^2)(\cos^2 x - \sin^2 x)}{2\operatorname{sh}^2\alpha}(5 + 4\operatorname{sh}^2\alpha)\right\}$$

$$\operatorname{Im} T(x + iy, 0) = \frac{-p}{\sqrt{abc}}\, c^2(a^2 - b^2)\sin x \cos x\left\{ \operatorname{ctgh}\alpha\left(4 + \frac{3}{\operatorname{sh}^2\alpha}\right) + \right.$$

$$- 2\operatorname{sh}(\alpha - y)\operatorname{ch}(\alpha - y)\left(4 + \frac{5}{\operatorname{sh}^2\alpha} + \frac{1}{\operatorname{sh}^4\alpha}\right) +$$

$$\left. + 2\operatorname{sh}^2(\alpha - y)\operatorname{ctgh}\alpha\left(4 + \frac{3}{\operatorname{sh}^2\alpha}\right)\right\} \tag{8.22}$$

gilt. In den Gleichungen (8.22) sind sämtliche Terme von $S(x,y)$ und $T(x,y)$ in (8.21) enthalten, die nicht die gewünschte Eigenschaft im Punkte ($y = +\infty$) besitzen. Nach Anwendung der Additionstheoreme der Hyperbelfunktionen und Einführung einer komplexen Schreibweise gilt für $T(z, 0)$:

44

$$T(x + iy, 0) = \frac{-p}{2\sqrt{abc}\,\operatorname{sh}^2 \alpha}\left\{\frac{2\,a^2 b^2 + c^2(a^2 + b^2)}{\operatorname{sh}^2 \alpha} + a^2 b^2 + c^2(a^2 - b^2) \times\right.$$

$$\times \operatorname{ctgh} \alpha (1 + \operatorname{ctgh} \alpha)\,[\sin^2 (x + iy) - \cos^2 (x + iy)] +$$

$$\left. + c^2(a^2 - b^2)\,\operatorname{ctgh} \alpha\; e^{2i(x + iy)}\right\}.$$

Eine weitere Forderung an jede Randfunktion ist die, daß für reelle Argumentwerte z der Randwert selbst reell ist. Diese Eigenschaft scheint hier verletzt zu sein. Bei genauerer Betrachtung erkennt man jedoch, daß gerade das »störende« letzte Glied mit e^{-2y} (für $y \to \infty$) gegen Null strebt und somit nicht in die Randfunktion gehört.

Die schubspannungsfreie Stützung auf der Ellipse ($y = 0$) ist nun möglich, falls der Randwert $T(x, 0)$ speziell gewählt wird:

$$T(x, 0) = \frac{-p}{2\sqrt{abc}\,\operatorname{sh}^2 \alpha}\left[\frac{2\,a^2 b^2 + a^2 c^2 + b^2 c^2}{\operatorname{sh}^2 \alpha} + a^2 b^2 +\right.$$

$$\left. + c^2(a^2 - b^2)\,\operatorname{ctgh} \alpha (1 + \operatorname{ctgh} \alpha)\,(\sin^2 x - \cos^2 x)\right].$$

Die Lösung nach (8.21) bietet nun keine weiteren Schwierigkeiten und man erhält:

$$S(x, y) = \frac{p}{\sqrt{abc}}\,c^2(a^2 - b^2)\,\sin x \cos x \left[\frac{\operatorname{ch}(\alpha - y)}{\operatorname{sh}^3(\alpha - y)} - e^{-2y}\,\frac{\operatorname{ch}\alpha}{\operatorname{sh}^3 \alpha}\right]$$

$$T(x, y) = \frac{-p}{\sqrt{abc}}\left\{\frac{a^2 b^2 + c^2(a^2 \sin^2 x + b^2 \cos^2 x)}{\operatorname{sh}^4(\alpha - y)} +\right.$$

$$+ \frac{a^2 b^2 + c^2(a^2 - b^2)\,(\sin^2 x - \cos^2 x)}{2\,\operatorname{sh}^2(\alpha - y)} +$$

$$\left. + \frac{c^2(a^2 - b^2)\,(\sin^2 x - \cos^2 x)\,\operatorname{ctgh}\alpha}{2\,\operatorname{sh}^2 \alpha}\,e^{-2y}\right\}.$$

Die physikalischen Schnittgrößen sind nach (3.18), (7.4) und (7.5) berechnet und in Tab. 1 aufgeführt. Für den drehsymmetrischen Fall $a = b = r$ nehmen sie folgende einfache Form an:

$$n^{(11)} = \frac{-pr}{2\,c\,\operatorname{sh}(\alpha - y)}\left[\frac{r^2 + c^2}{\sqrt{c^2 + r^2\,\operatorname{ch}^2(\alpha - y)}} + \sqrt{c^2 + r^2\,\operatorname{ch}^2(\alpha - y)}\right]$$

$$n^{(12)} = n^{(21)} = 0$$

$$n^{(22)} = \frac{-pr}{2\,c\,\operatorname{sh}(\alpha - y)}\sqrt{c^2 + r^2\,\operatorname{ch}^2(\alpha - y)}.$$

In [15], S. 140 wurde der Berechnung einer solchen Hyperboloidschale ein anderes Parameternetz zugrunde gelegt. Ein Vergleich der Ergebnisse ist bei Beachtung der Beziehungen

WLASSOW	hier
a	r
b	c
$z + b$	$c \operatorname{ctgh}(\alpha - y)$

möglich. Bis auf das Vorzeichen (welches die Richtung des Normaldrucks kennzeichnet) ergeben sich die gleichen Werte wie in [15].

8.1.3 Das elliptische Paraboloid

Der Membranspannungszustand eines elliptischen Paraboloids unter konstanter Normaldruckbelastung wird mit Hilfe der Vektordarstellung (7.1) berechnet. Durchlaufen die Parameter x, y den Bereich $0 \leq x < 2\pi$, $-\infty \leq y < +\infty$, so entspricht jedem Punkt der Fläche eindeutig ein solcher des »halboffenen« Streifens in der x, y-Ebene (vgl. Abb. 7).

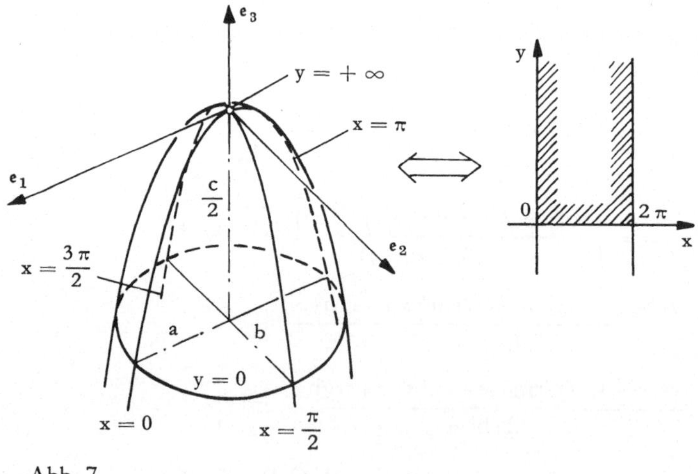

Abb. 7

Die Periodizität der trigonometrischen Funktionen erlaubt die Definition der gesuchten Funktionen im I. Quadranten der x, y-Ebene, weshalb die $\mathfrak{L}^2$-Transformation verwendet werden darf. Die Wahl von (7.1) als Darstellung der Fläche ermöglicht, da die Forderungen (3.1) und (3.24) erfüllt sind, eine Transformation des Differentialgleichungssystems (2.2) auf ein solches der Art (7.2). Die Stützkurve $y = 0$ ist (vgl. Abb. 7) eine »horizontale« Ellipse. Mit variablem Parameter c läßt sich jede horizontale Ellipse der Fläche als Rand der Schale definieren.

46

Die Störfunktionen des transformierten Gleichgewichtssystems (7.2) sind nach (8.8) bei Berücksichtigung von (8.7) leicht zu errechnen:

$$\Phi_1(x,y) = \frac{-p}{\sqrt{abc}} \{a^2 b^2 e^{2y} + 4\,c^2(a^2 \sin^2 x + b^2 \cos^2 x)\} \cdot e^{-4y}$$

$$\Phi_2(x,y) = \frac{p}{\sqrt{abc}}\, c^2(a^2 - b^2) \sin x \cos x \cdot e^{-4y}.$$

Zu den Lösungsfunktionen des Systems (7.2) gelangt man nach (geschlossener) Ausführung der in (7.3) geforderten Integration. Es gilt:

$$S(x,y) = \frac{p}{\sqrt{abc}}\, c^2(a^2 - b^2) \sin x \cos x \left(e^{-4y} - \frac{5}{4} e^{-2y} + \frac{1}{4} e^{2y}\right) +$$

$$- \operatorname{Im} T(x + iy, 0) + \operatorname{Re} S(x + iy, 0)$$

$$T(x,y) = \frac{p}{2\sqrt{abc}} \left\{ c^2(a^2 - b^2)(\cos^2 x - \sin^2 x)\frac{e^{2y}}{4} + \right.$$

$$+ \left[a^2 b^2 + \frac{5}{4} c^2(a^2 - b^2)(\cos^2 x - \sin^2 x)\right] e^{-2y} + \tag{8.23}$$

$$- (a^2 b^2 + b^2 c^2 + a^2 c^2) + e^{-4y}\left[c^2(a^2 + b^2) - \frac{3}{2} c^2(a^2 - b^2) \times \right.$$

$$\left. \left. \times (\cos^2 x - \sin^2 x)\right]\right\} + \operatorname{Re} T(x + iy, 0) + \operatorname{Im} S(x + iy, 0).$$

Im »höchsten« Flächenpunkt ($y = +\infty$) sollen wiederum die physikalischen Schnittgrößen beschränkt sein. Berücksichtigt man, wie diese Funktionen berechnet werden, – nämlich nach (7.4), (7.5) – so wird das Lösungspaar (8.23) mit Funktionen multipliziert, die beim Grenzübergang wie e^{2y} gegen Unendlich streben. Das bedeutet wieder, die Randwerte $S(x, 0)$, $T(x, 0)$ müssen einige Anteile in (8.23) ausgleichen und können nicht beide beliebig vorgegeben werden.

Wird $S(x, 0) = 0$ gewählt (hieraus folgt $n^{(12)} = n^{(21)} = 0$), so muß der Randwert $T(x, 0)$ folgende – nicht mit e^{-2y} gegen Null strebende – Terme enthalten:

$$T(x + iy, 0) = \frac{p}{2\sqrt{abc}} \left\{\frac{c^2(a^2 - b^2) e^{2y}}{4} (\sin x + i \cos x)^2 + a^2 b^2 + b^2 c^2 + a^2 c^2\right\}.$$

Für reelle Argumente $z = x + iy$ ist diese Funktion nicht reell, so daß wie bei der Normaldruckbelastung eines zweischaligen Hyperboloids eine Funktion abgetrennt werden muß, die mit e^{-2y} gegen Null strebt (bei $y \to +\infty$) und folglich nicht beim Randausgleich berücksichtigt werden braucht. Der Randwert

$$T(x, 0) = \frac{p}{2\sqrt{abc}} \left\{\frac{2\,a^2 b^2 + b^2 c^2 + a^2 c^2}{2} + c^2(a^2 \sin^2 x + b^2 \cos^2 x)\right\}$$

gestattet die endgültige Berechnung der unbekannten Funktionen:

$$S(x,y) = \frac{p}{\sqrt{abc}}\, c^2(a^2 - b^2) \sin x \cos x (e^{-4y} - e^{-2y}).$$

$$T(x,y) = \frac{p}{2\sqrt{abc}}\, e^{-4y} \left\{ a^2 b^2 e^{2y} + b^2 c^2 + a^2 c^2 \right.$$

$$\left. + c^2(a^2 - b^2)(\cos^2 x - \sin^2 x)\left(e^{2y} - \frac{3}{2}\right)\right\}. \tag{8.24}$$

Das Lösungspaar (8.24) besitzt das im Punkte $y = +\infty$ geforderte Verhalten. Die physikalischen Schnittkräfte ergeben sich in der üblichen Weise – nach (7.4), (7.5), – und sind in Tab. 1 nachzuschlagen.

Der rotationssymmetrische Sonderfall dieses Problems wurde beispielsweise in [12] und [15], S. 140 behandelt und soll mit den aus Tab. 1 zu entnehmenden Größen verglichen werden. Für $a = b = r$ gilt:

$$n^{(11)} = \frac{pr}{2\,ce^y}\left[\frac{c^2}{\sqrt{c^2 + r^2 e^{2y}}} + \sqrt{c^2 + r^2 e^{2y}}\,\right]$$

$$n^{(22)} = \frac{pr}{2\,ce^y}\sqrt{c^2 + r^2 e^{2y}}$$

$$n^{(12)} = n^{(21)} = 0.$$

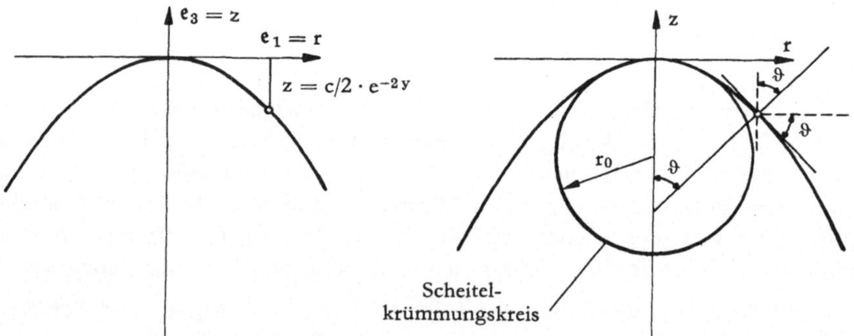

Abb. 8

Die den Vergleich ermöglichende Parametertransformation läßt sich der Abb. 8 entnehmen:

$$\sin^2 \vartheta = \frac{\text{tg}^2\,\vartheta}{1 + \text{tg}^2\,\vartheta} = \frac{c^2}{c^2 + r^2 e^{2y}}$$

$$\cos^2 \vartheta = \frac{r^2 e^{2y}}{c^2 + r^2 e^{2y}}, \quad r_0 = -\frac{r^2}{c},$$

womit die Ergebnisse mit denen in [12], [15] übereinstimmen.

48

8.2 *Flächen zweiter Ordnung mit negativem* GAUSS*schen Krümmungsmaß*

8.2.1 Das einschalige Hyperboloid

Die Vektordarstellung (7.1) dieser Fläche

$$\mathfrak{r}(x,y) = \left\{ a\,\frac{\cos y}{\cos x},\ b\,\frac{\sin y}{\cos x},\ c\,\mathrm{tg}\,x \right\} \tag{8.25}$$

ordnet für $0 \leqq y < 2\pi,\ -\dfrac{\pi}{2} \leqq x \leqq \dfrac{\pi}{2}$ jedem Punkt des einschaligen Hyperboloids eineindeutig einen solchen des in Abb. 9 gezeichneten Rechtecks der x,y-Ebene zu.

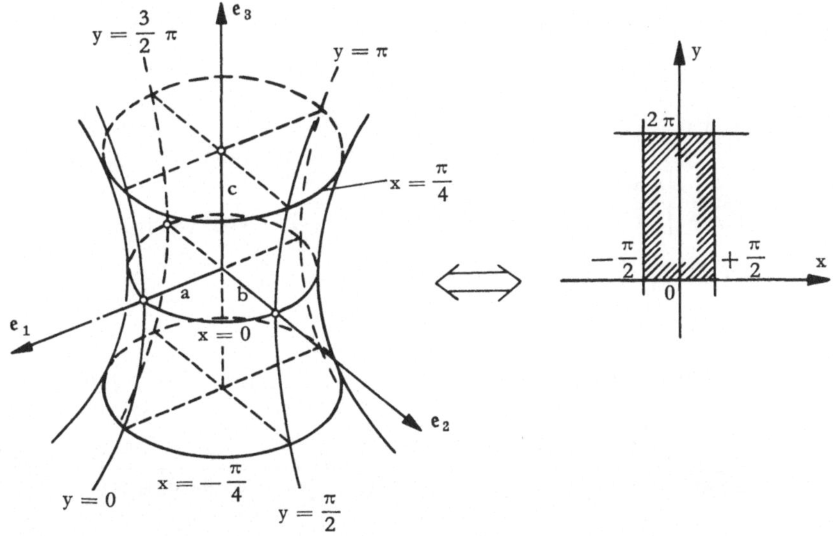

Abb. 9

Die Eigenschaften (3.1) und (3.24) sind erfüllt, so daß das Gleichgewichtssystem des Membranspannungszustandes in ein System

$$\frac{\partial S(x,y)}{\partial x} + \frac{\partial T(x,y)}{\partial y} + \Phi_1(x,y) = 0$$

$$\frac{\partial T(x,y)}{\partial x} + \frac{\partial S(x,y)}{\partial y} + \Phi_2(x,y) = 0 \tag{8.26}$$

überführt werden kann. Die Periodizität der trigonometrischen Funktionen in x und in y in (8.25) erlaubt es, jede auf der Fläche erklärte Funktion auch im I. Quadranten der x,y-Ebene zu definieren, und die in 5. mittels $\mathfrak{L}^2$-Transformation gefundene Lösung des Systems (8.26) darf verwendet werden. Mit (7.3) als Lösungspaar wird zunächst die in der e_1, e_3-Ebene liegende Hyperbel zum

Rand erklärt. Diese muß aber keineswegs die Berandung der Schale sein. Wie im letzten Abschnitt von 8.2.1 (8.29) gezeigt wird, ist die Wahl der Ellipse $x = 0$ als Randkurve durchaus möglich, sogar mit $S(0, y) = 0$.

Berechnet man die Störfunktionen $\Phi_i(x, y)$ von (8.26) nach (8.4) und den Definitionen zwischen (8.4) und (8.6) sowie nach (8.8), so ergibt sich:

$$\Phi_1(x, y) = \frac{3\,pc^2(a^2 - b^2)\,\sin y \cos y}{\sqrt{abc}\,\cos^4 x}$$

$$\Phi_2(x, y) = -\frac{pa^2b^2 \sin x}{\sqrt{abc}\,\cos^3 x}\,.$$

Die Durchführung der in (7.3) geforderten Integration ist wiederum geschlossen möglich. Ohne Berücksichtigung der Randfunktionen schreibt sich die Lösung dann:

$$S(x, y) = \frac{1}{2}\left\{ S(x - y, 0) + S(x + y, 0) + T(x - y, 0) - T(x + y, 0) + \right.$$

$$- \frac{p}{\sqrt{abc}} \left[\frac{a^2b^2 + a^2c^2 - b^2c^2}{2} \left(\frac{1}{\cos^2(x - y)} - \frac{1}{\cos^2(x + y)} \right) + \right.$$

$$\left.\left. + \frac{2\,c^2(a^2 - b^2)\,\sin x \sin y \cos y}{\cos^3 x} \right] \right\}$$

$$T(x, y) = \frac{1}{2}\left\{ S(x - y, 0) + S(x + y, 0) + T(x - y, 0) - T(x + y, 0) + \right.$$

$$- \frac{p}{\sqrt{abc}} \left[\frac{a^2b^2 + a^2c^2 - b^2c^2}{2} \left(\frac{1}{\cos^2(x - y)} - \frac{1}{\cos^2(x + y)} \right) + \right. \quad (8.27)$$

$$\left.\left. - \frac{a^2b^2}{\cos^2 x} + \frac{c^2(a^2 - b^2)\,(\sin^2 y - \cos^2 y)}{\cos^2 x} \right] \right\}\,.$$

Bei Kenntnis der Randwerte $S(x, 0)$, $T(x, 0)$ wäre mit (8.27) die Lösung des Systems (8.26) gewonnen. Die physikalischen Schnittgrößen ließen sich mit

$$\sigma(x, y) = \frac{\sqrt{abc}}{\cos^5 x} \sqrt{a^2b^2 \sin^2 x + c^2(a^2 \sin^2 y + b^2 \cos^2 y)}$$

und (7.4) sowie (7.5) bestimmen und würden in allen Punkten, wo $x \pm y = \dfrac{\pi}{2}$ gilt, unbeschränkt sein. Deshalb müssen die Randfunktionen $S(x, 0)$, $T(x, 0)$ die Singularitäten in diesen Punkten ausgleichen und dürfen nicht beide beliebig gewählt werden. Für Punkte auf der Kurve $x = \dfrac{\pi}{2}$, der unendlich fernen Ellipse in ϱ_3-Richtung, werden unbeschränkte Schnittgrößen zugelassen.

Im allgemeinen läßt sich aussagen, daß Singularitäten stets in solchen Flächenpunkten zu beheben sind, in welchen die II. Grundform den Wert Null annimmt.
Dies sind für Flächen zweiter Ordnung mit positivem GAUSSschen Krümmungsmaß [bezüglich der Darstellung (7.1)] die Punkte auf der $\mathfrak{e}_3$-Achse. Auf Flächen
zweiter Ordnung mit $K < 0$ bilden diese Punkte Asymptotenlinien.
Für das gewählte Beispiel wird der Ausgleich auf den Geradenpaaren der Regel-
fläche durchgeführt, die sich in den Durchstoßpunkten der $\mathfrak{e}_2$-Achse durch die
Fläche schneiden.

Der Versuch, $S(x, 0) = 0$ vorzugeben, gelingt, und es ergibt sich aus (8.27)

$$T(x, 0) = \frac{p}{2\sqrt{abc}} \cdot \frac{(a^2 b^2 + a^2 c^2 - b^2 c^2)}{\cos^2 x}.$$

Das Lösungspaar

$$S(x,y) = \frac{-p c^2 (a^2 - b^2) \sin x \sin y \cos y}{\sqrt{abc}\,\cos^3 x}$$

$$T(x,y) = \frac{p[a^2 b^2 + c^2(a^2 - b^2)(\cos^2 y - \sin^2 y)]}{2\sqrt{abc}\,\cos^2 x}$$

$$(8.28)$$

gestattet auch eine schubspannungsfreie Lagerung $(n^{(12)}(0,y) = 0 \to S(0,y) = 0)$
auf der »horizontalen« Ellipse in der $\mathfrak{e}_1$, $\mathfrak{e}_2$-Ebene. Die Randwerte müssen für
diese Stützung in folgender Form gewählt werden:

$$S(0,y) = 0$$

$$T(0,y) = \frac{p}{2\sqrt{abc}}\,[a^2 b^2 + c^2(a^2 - b^2)(\cos^2 y - \sin^2 y)]. \qquad (8.29)$$

Über (7.4), (7.5) berechnet man die physikalischen Schnittgrößen, die in Tab. 2
aufgeführt sind. Für das Rotationshyperboloid gilt $(a = b = r)$:

$$n^{(11)} = \frac{pr}{2} \cdot \frac{\sqrt{c^2 + r^2 \sin^2 x}}{c \cos x}$$

$$n^{(22)} = \frac{pr}{2}\left\{ 2\,\frac{\sqrt{c^2 + r^2 \sin^2 x}}{c \cos x} + \frac{r^2 \cos^2 x}{c\sqrt{c^2 + r^2 \sin^2 x}}\right\}$$

$$n^{(12)} = n^{(21)} = 0.$$

8.2.2 Das hyperbolische Paraboloid

Den Untersuchungen des Membranspannungszustandes dieser Fläche wird statt
(7.1) zumeist die Darstellung

$$\mathfrak{r}(x,y) = \{ax, by, cxy\}$$

zugrunde gelegt. Die damit eingeführten Koordinatenlinien besitzen eine vorteil-
hafte Eigenschaft. Wegen

$$b_{11} = b_{22} = 0$$

$$b_{12} = b_{21} = abc \, \sqrt{a^2 b^2 + c^2 (a^2 x^2 + b^2 y^2)} \,^{-1}$$

läßt sich aus der Gleichgewichtsbedingung in Normalenrichtung (2.3) sofort

$$n^{12} = \frac{p}{2\,abc} \, \sqrt{a^2 b^2 + c^2 (a^2 x^2 + b^2 y^2)}$$

entnehmen und die Aufgabe besteht in der Lösung zweier Differentialgleichungen
vom Typ

$$\frac{\partial n^{11}}{\partial x} + a(x,y)\, n^{11} + b(x,y) = 0$$

$$\frac{\partial n^{22}}{\partial y} + c(x,y)\, n^{22} + d(x,y) = 0.$$

$$(8.30)$$

Die Lösungen sind in der Regel für gegebene Randwerte leicht zu finden. Doch
erlaubt eine solche Behandlung des momentenfreien Spannungszustandes keine
Aussagen über die sinnvollen Randwerte. Wird aber, wie in [12], S. 84 verlangt,
daß bei einer Lagerung auf »Giebelwänden«, die »quer zu ihrer Ebene weich«
sind, nur Schubkräfte auf dem Rande wirken, so sind dadurch Randwerte gegeben
und man findet die Lösung

$$n^{(11)} = -\, \frac{2\,pbc\,xy}{a} \, \sqrt{\frac{a^2 + c^2 y^2}{b^2 + c^2 x^2}}$$

$$n^{(12)} = n^{(21)} = \frac{p}{2\,abc} \, [a^2 b^2 + c^2 (a^2 x^2 + b^2 y^2)]$$

$$n^{(22)} = -\, \frac{2\,pac\,xy}{b} \, \sqrt{\frac{b^2 + c^2 x^2}{a^2 + c^2 y^2}} \,.$$

(Diese Lösungen stimmen mit denen in [12] überein.)

Die Anwendung der Vektordarstellung (7.1)

$$\mathfrak{r}(x,y) = \left\{ a\, \frac{\operatorname{ch} x}{e^y}, \; b\, \frac{\operatorname{sh} x}{e^y}, \; c\, \frac{1}{2\, e^{2y}} \right\}$$

$$(8.31)$$

gestattet die Überführung des Gleichgewichtssystems (2.2) in ein System (7.2),
denn die Bedingungen (3.1) und (3.24) sind erfüllt. (8.31) ordnet jedem Punkt der
Fläche eineindeutig einen solchen der x,y-Ebene zu (vgl. Abb. 10).

Die durch $\mathfrak{L}^2$-Transformation gefundene Lösung des Systems

$$S_x + T_y - \frac{p}{\sqrt{abc}} \, e^{-4y} [a^2 b^2 e^{2y} + 4\, c^2 (a^2 \operatorname{sh}^2 x + b^2 \operatorname{ch}^2 x)] = 0$$

$$S_y + T_x - \frac{p}{\sqrt{abc}} \, e^{-4y} c^2 (a^2 + b^2) \operatorname{sh} x \operatorname{ch} x = 0$$

$$(8.32)$$

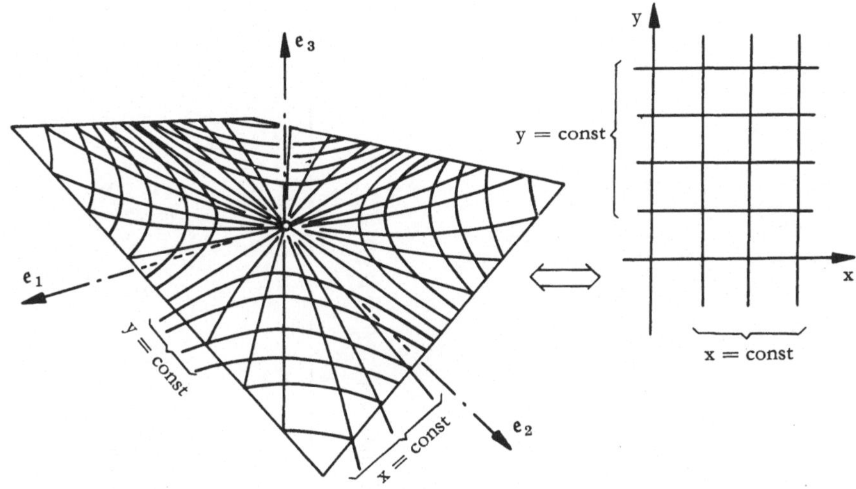

Abb. 10

(die »Störfunktionen« werden nach (8.8) berechnet)
darf verwandt werden und liefert für $T(x,y)$:

$$T(x,y) = \frac{1}{2}\left\{ S(x-y,0) - S(x+y,0) + T(x-y,0) + T(x+y,0) + \right.$$

$$+ \frac{p}{\sqrt{abc}}\left(\frac{2\,a^2b^2 + 3\,b^2c^2 - a^2c^2}{2} - a^2b^2e^{-2y} - 2\,b^2c^2e^{-4y} + c^2(a^2-b^2) \times \right.$$

$$\left. \times \left[\frac{\mathrm{sh}^2\,(x+y) + \mathrm{sh}^2\,(x-y)}{2} + \frac{e^{2x}+e^{-2x}}{2\,e^{2y}} + \right. \right. \tag{8.33}$$

$$\left. \left. \left. + e^{-4y}\left(1 - 3\,\frac{e^{2x}+e^{-2x}}{4}\right)\right]\right)\right\}.$$

Dabei fanden Randwerte $S(x,0)$, $T(x,0)$ auf der Hyperbel $y=0$ Verwendung.
Diese sind wegen der Forderung nach endlichen physikalischen Schnittgrößen
nicht frei wählbar. Der Ausgleich der nicht beschränkten Anteile in (8.33) wird
sich schwieriger als bei den bereits behandelten Beispielen gestalten; denn es
werden zwei Grenzübergänge nötig sein, um alle im Endlichen liegenden Punkte
der »horizontalen« ($e_3 = 0$) Erzeugenden zu erreichen.
Aus (8.33) und der analog aufgebauten Funktion $S(x,y)$ kann man ein Lösungspaar des Systems (8.32) mit den Randwerten

$$S(x,0) = - \frac{p}{\sqrt{abc}}\, c^2(a^2+b^2)\,\mathrm{sh}\,x\,\mathrm{ch}\,x$$

$$T(x,0) = \frac{p}{2\sqrt{abc}}\left\{- a^2b^2 + \frac{c^2(5\,a^2+b^2)}{2} - 3\,c^2(a^2+b^2)\,\mathrm{ch}^2\,x\right\}$$

Tab. 2 Schnittkräfte von Flächen zweiter Ordnung unter Normaldruckbelastung (Membrantheorie)

einschaliges Hyperboloid

$$\mathbf{r}(x,y) = \left\{ \frac{a\cos y}{\cos x},\, \frac{b\sin y}{\cos x},\, c\,\operatorname{tg} x \right\}$$

$$n^{(11)} = \frac{p}{2\,abc\cos x}\sqrt{\frac{c^2 + \sin^2 x\,B}{A}}\;C$$

$$n^{(12)} = -\frac{p\,c^2(a^2 - b^2)\sin y\cos y\sin x}{abc\cos x}$$

$$n^{(22)} = \frac{p}{2\,abc\cos x}\sqrt{\frac{A}{c^2 + \sin^2 x\,B}}\;[a^2 b^2 + b^2 c^2 + a^2 c^2 + \sin^2 x\,C]$$

hyperbolisches Paraboloid

$$\mathbf{r}(x,y) = \left\{ \frac{a\,\operatorname{ch} x}{e^y},\, \frac{b\,\operatorname{sh} x}{e^y},\, \frac{c}{2\,e^{2y}} \right\}$$

$$n^{(11)} = -\frac{p}{2\,abc\,e^y}\sqrt{\frac{D}{c^2 + e^{2y}E}}\;[a^2 b^2 e^{2y} + F + 3\,c^2 D]$$

$$n^{(12)} = -\frac{p\,c^2(a^2 + b^2)\,\operatorname{sh} x\,\operatorname{ch} x}{abc\,e^{2y}}$$

$$n^{(22)} = \frac{p}{2\,abc\,e^{3y}}\sqrt{\frac{c^2 + e^{2y}E}{D}}\;[a^2 b^2 e^{2y} - F - c^2 D]$$

mit $\quad A = a^2\sin^2 y + b^2\cos^2 y \qquad\qquad D = a^2\operatorname{sh}^2 x + b^2\operatorname{ch}^2 x$

$\qquad\quad B = a^2\cos^2 y + b^2\sin^2 y \qquad\qquad E = a^2\operatorname{ch}^2 x + b^2\operatorname{sh}^2 x$

$\qquad\quad C = c^2(a^2 - b^2)(\cos^2 y - \sin^2 y) + a^2 b^2 \qquad F = \tfrac{1}{2}c^2(a^2 - b^2)$

auf der Hyperbel $y = 0$ finden:

$$S(x,y) = \frac{-p}{\sqrt{abc}}\, c^2(a^2 + b^2)\, e^{-4y}\,\mathrm{sh}\,x\,\mathrm{ch}\,x$$

$$T(x,y) = \frac{-p}{2\sqrt{abc}}\, e^{-4y}\left\{a^2 b^2 e^{2y} + 2\,b^2 c^2 + \right.$$

$$\left. - c^2(a^2 + b^2)\left(1 - \frac{3}{4}\,e^{2x} - \frac{3}{4}\,e^{-2x}\right)\right\}. \tag{8.34}$$

Dieses führt zu einer schubspannungsfreien Lagerung auf der Parabel $x = 0$. Auf diesem Rand gilt dann:

$$T(0,y) = \frac{-p}{2\sqrt{abc}}\,\frac{a^2 b^2 e^{2y} + c^2(5\,b^2 + a^2)}{2\,e^{4y}}.$$

Das Lösungspaar (8.34) erfüllt das partielle Differentialgleichungssystem (8.32) und bewirkt die Beschränktheit der physikalischen Schnittgrößen für im Endlichen liegende Flächenpunkte. Nach (7.4), (7.5) ergeben sich die in Tab. 2 aufgeführten physikalischen Komponenten.

Bemerkt werden soll noch, daß die Randwertaussagen auch für diese Aufgabe aus der Forderung nach endlichen Funktionen $n^{(ik)}$ in Punkten mit $\mathrm{II} = b_{ik}u^i u^k = 0$ gewonnen wurden. Die Gesamtheit dieser Punkte bildet die Asymptotenlinien durch den Sattelpunkt der Fläche.

9. Eigengewichtsbelastung

9.1 Rotationsflächen mit positivem Gaussschen Krümmungsmaß

Von verschiedenen Autoren[8] ist bereits der Membranspannungszustand der einzelnen Rotationsflächen zweiter Ordnung unter Eigengewichtsbelastung berechnet worden. Eine einheitliche Darstellung, wie sie hier mit Hilfe der auf der Verwendung der Ω^2-Transformation beruhenden Lösung (7.3) gelingt, ist jedoch in keinem dieser Werke zu finden.

Die Beschränkung auf rotationssymmetrische Flächen zweiter Ordnung ist bei der hier verwendeten Methode nicht notwendig, aber sie vereinfacht das Problem außerordentlich. Das allgemeine Ellipsoid wird in 9.2 behandelt.

Für die Rotationsflächen zweiter Ordnung wird im folgenden die Gausssche Parameterdarstellung (7.1) mit $a = b = r$ zugrunde gelegt. Als Stützkurve wird ein beliebiger (horizontaler) Rotationskreis gewählt.

9.1.1 Das Rotationsellipsoid

Die Belastung sei durch ihre Komponenten in bezug auf das feste räumliche Dreibein mit den Achsen $\mathfrak{e}_1$, $\mathfrak{e}_2$ und $\mathfrak{e}_3$ gegeben:

$$P^1 = P^2 = 0,\quad P^3 = -p. \tag{9.1}$$

---

[8] [8] S. 30 ff.; [11] S. 111; [12] S. 107.

Werden diese auf das örtliche Dreibein (8.2) mit den Achsen $\mathfrak{r}_1$, $\mathfrak{r}_2$ und $\mathfrak{r}_3$ bezogen, so findet man die Komponenten X^i als Lösung des Gleichungssystems

$$\mathfrak{P} = P^i\mathfrak{e}_i = X^i\mathfrak{r}_i \qquad (i = 1, 2, 3). \qquad (9.2)$$

Für die Belastung eines Rotationsellipsoids mit dem Ortsvektor

$$\mathfrak{r}(x,y) = \left\{ \frac{r \cos x}{\mathrm{ch}\,(\alpha + y)}, \frac{r \sin x}{\mathrm{ch}\,(\alpha + y)}, c\,\mathrm{tgh}\,(\alpha + y) \right\}$$

ergibt sich:

$$X^1 = 0$$

$$X^2 = \frac{-pc\,\mathrm{ch}^2\,(\alpha + y)}{c^2 + r^2\,\mathrm{sh}^2\,(\alpha + y)}$$

$$X^3 = \frac{-pr\,\mathrm{sh}\,(\alpha + y)}{\sqrt{c^2 + r^2\,\mathrm{sh}^2\,(\alpha + y)}}.$$

Die Konstante α ermöglicht eine Lagerung auf beliebigen Rotationskreisen. Wird der größte Rotationskreis als Randkurve gewählt, so gilt $\alpha = 0$ (vgl. Abb. 4).
Zu den Störfunktionen des Gleichgewichtssystems (7.2) des Membranspannungszustandes gelangt man mit den bereits in 8. abgeleiteten differentialgeometrischen Ortsfunktionen (für $a = b = r$) nach Gleichung (8.8)

$$\Phi_1(x,y) = -\frac{pr^2}{\sqrt{c}} \frac{\{r^2\,\mathrm{sh}^2\,(\alpha + y)\,[3 - \mathrm{sh}^2\,(\alpha + y)] + 2\,c^2\,[1 - \mathrm{sh}^2\,(\alpha + y)]\}}{\mathrm{ch}^5\,(\alpha + y)\,\sqrt{c^2 + r^2\,\mathrm{sh}^2\,(\alpha + y)}}$$

$$\Phi_2(x,y) = 0.$$

Wegen der Unabhängigkeit der Störfunktionen von der Variablen x hat das Differentialgleichungssystem (7.2) für schubspannungsfreie Lagerung das Lösungspaar

$$S(x,y) = 0$$

$$T(x,y) = \int_0^y \Phi_1(x, \tau)\, d\tau + T(x, 0).$$

Die auszuführende Integration ist von der Größe $r^2 - c^2$ abhängig. Es gilt

$$S(x,y) = 0$$

$$T(x,y) = -\frac{pr^2}{\sqrt{c}} \left\{ \sqrt{r^2(v - 1)^2 + c^2(2v - 1)}\, \frac{(2 - 6v + 3v^2 + v^3)}{2v^4} + \right.$$

$$\left. + A(v) \right\} \Bigg|_{\substack{v_2 = \frac{1}{2}[e^{2(\alpha + y)} + 1] \\[4pt] v_1 = \frac{1}{2}(e^{2\alpha} + 1)}} + T(x, 0) \qquad (9.3)$$

mit

$$
A(v) = \begin{cases}
- \dfrac{c^2}{2\sqrt{r^2-c^2}} \, \log \dfrac{\sqrt{r^2-c^2}\,(1-v) + \sqrt{r^2(v-1)^2 + c^2(2v-1)}}{v} & \text{für } r^2 > c^2 \\[3ex]
- \dfrac{c^2}{2\,rv} & \text{für } r^2 = c^2 \\[3ex]
- \dfrac{c^2}{2\sqrt{c^2-r^2}} \, \text{arc sin}\, \sqrt{\dfrac{c^2-r^2}{c^2}\,\dfrac{(1-v)}{v}} & \text{für } r^2 < c^2
\end{cases}
$$

und

$$
T(x,0) = \begin{cases}
p\,\dfrac{r^2}{2\sqrt{c}}\left\{ r - \sqrt{r^2(e^{2\alpha}-1)^2 + 4c^2e^{2\alpha}}\;\dfrac{(e^{6\alpha}+9e^{4\alpha}-9e^{2\alpha}-1)}{(e^{2\alpha}-1)^4} + \right. \\
\quad \left. - \dfrac{c^2}{\sqrt{r^2-c^2}}\log \dfrac{(e^{2\alpha}+1)\,[r-\sqrt{r^2-c^2}]}{\sqrt{r^2-c^2}\,(1-e^{2\alpha}) + \sqrt{r^2(e^{2\alpha}-1)^2 + 4c^2e^{2\alpha}}} \right\} & \text{für } r^2 > c^2 \\[4ex]
\dfrac{p\,r^2}{2\sqrt{c}}\left\{ r - \dfrac{r(e^{2\alpha}+1)(e^{6\alpha}+9e^{4\alpha}-9e^{2\alpha}-1)}{(e^{2\alpha}-1)^4} \right\} & \text{für } r^2 = c^2 \\[4ex]
\dfrac{p\,r^2}{2\sqrt{c}}\left\{ r - \sqrt{r^2(e^{2\alpha}-1)^2 + 4c^2e^{2\alpha}}\;\dfrac{(e^{6\alpha}+9e^{4\alpha}-9e^{2\alpha}-1)}{(e^{2\alpha}-1)^4} + \right. \\
\quad \left. + \dfrac{c^2}{\sqrt{c^2-r^2}}\,\text{arc sin}\,\sqrt{\dfrac{c^2-r^2}{c^2}} \right\}. & \text{für } r^2 < c^2
\end{cases}
$$

Die verschiedenen Darstellungen von (9.3) gehen stetig ineinander über, falls die Variable $\dfrac{r^2}{c^2}$ das Intervall $0 < \dfrac{r^2}{c^2} < \infty$ durchläuft.

Die Randwerte $T(x,0)$ wurden mit $S(x,0) = 0$ auf ähnliche Weise wie in 8. aus der Forderung nach endlichen physikalischen Schnittkräften $n^{(ik)}$ gewonnen. Dabei mußte das Verhalten aller in (7.4), (7.5) eingehenden Funktionen im höchsten Flächenpunkt ($y = +\infty$) berücksichtigt werden (vgl. Abb. 3).
Die aus dieser Lösung resultierenden physikalischen Schnittgrößen sind in Tab. 3 aufgeführt. Bei einer Lagerung längs dem größten Rotationskreis stimmt das gefundene Ergebnis mit den Ergebnissen in [11], S. 113 und [12], S. 100, unter Berücksichtigung der Verschiedenheiten in der Bezeichnungsweise überein.

9.1.2 Das zweischalige Rotationshyperboloid

Ist die Fläche durch die Gausssche Parameterdarstellung (7.1)

$$
\mathfrak{r}(x,y) = \left\{ \frac{r\cos x}{\text{sh}\,(\alpha-y)}, \frac{r\sin x}{\text{sh}\,(\alpha-y)}, c\,\text{ctgh}\,(\alpha-y) \right\}
$$

Tab. 3   Rotationsflächen zweiter Ordnung unter Eigengewichtsbelastung

58

Rotations-Ellipsoid $\mathfrak{r} = \left\{ \dfrac{r\cos x}{\mathrm{ch}\,(\alpha + y)}, \dfrac{r\sin x}{\mathrm{ch}\,(\alpha + y)}, c\,\mathrm{tgh}\,(\alpha + y) \right\}$	$n^{(11)} = \dfrac{-\,\mathrm{ch}^3\,(\alpha + y)}{\sqrt{c}\,\sqrt{c^2 + r^2\,\mathrm{sh}^2\,(\alpha + y)}} \left\{ \dfrac{pr^2}{\sqrt{c}}\,[B(v_2) - B(v_1)] - T(x,0) \right\}$ $n^{(22)} = \dfrac{\mathrm{ch}\,(\alpha + y)\,\sqrt{c^2 + r^2\,\mathrm{sh}^2\,(\alpha + y)}}{r^2\,\sqrt{c}} \left\{ \dfrac{pr^2}{\sqrt{c}}\,[B(v_2) - B(v_1)] - T(x,0) \right\} +$ $\qquad\qquad - \dfrac{p\,\mathrm{sh}\,(\alpha + y)}{c\,\mathrm{ch}^3\,(\alpha + y)}\,[c^2 + r^2\,\mathrm{sh}^2\,(\alpha + y)]$ $\qquad \text{mit } B(v) = \sqrt{r^2(v-1)^2 + c^2(2\,v-1)}\;\dfrac{(2 - 6\,v + 3\,v^2 + v^3)}{2\,v^4} + A(v)$ $\qquad\qquad \text{und } \;\; v_2 = 0{,}5\,[e^{2\,(\alpha + y)} + 1]$ $\qquad\qquad\qquad\qquad v_1 = 0{,}5\,[e^{2\,\alpha} + 1]$ $\qquad A(v) \text{ und } T(x,0) \text{ wurden in Formel (9.3) definiert}$
Zweischaliges Rotations-Hyperboloid $\mathfrak{r} = \left\{ \dfrac{r\cos x}{\mathrm{sh}\,(\alpha - y)}, \dfrac{r\sin x}{\mathrm{sh}\,(\alpha - y)}, c\,\mathrm{ctgh}\,(\alpha - y) \right\}$	$n^{(11)} = \dfrac{-\,pr^2\,\mathrm{sh}^3\,(\alpha + y)}{2\,cD} \left\{ r + E(v_2)\,\dfrac{(2 + 6\,v_2 - 3\,v_2^2 - v_2^3)}{v_2^4} + \right.$ $\qquad\qquad \left. - \dfrac{c^2}{\sqrt{r^2 + c^2}}\,\log \dfrac{\sqrt{r^2 + c^2}\,(1 + v_2) + E(v_2)}{-\,v_2\left(r + \sqrt{r^2 + c^2}\right)} \right\}$ $n^{(22)} = \dfrac{pD}{2\,c\,\mathrm{sh}^3\,(\alpha - y)} \left[\mathrm{sh}^4\,(\alpha - y) \left\{ r + E(v_2)\,\dfrac{(2 + 6\,v_2 - 3\,v_2^2 - v_2^3)}{v_2^4} + \right. \right.$ $\qquad\qquad \left. \left. - \dfrac{c}{\sqrt{r^2 + c^2}}\,\log \dfrac{\sqrt{r^2 + c^2}\,(1 + v_2) + E(v_2)}{-\,v_2\left(r + \sqrt{r^2 + c^2}\right)} \right\} + \mathrm{ch}\,(\alpha - y)\,D \right]$ $\qquad \text{mit } D = \sqrt{c^2 + r^2\,\mathrm{ch}^2\,(\alpha - y)}$ $\qquad E = \sqrt{r^2(v_2 + 1) + c^2(2\,v_2 + 1)} \;\; \text{und} \;\; v_2 = 0{,}5\,[e^{2\,(\alpha - y)} - 1]$
Rotations-Paraboloid $\mathfrak{r} = \left\{ \dfrac{r\cos x}{e^y}, \dfrac{r\sin x}{e^y}, \dfrac{c}{2\,e^{2y}} \right\}$	$n^{(11)} = \dfrac{-\,pr^2}{3\,c^3} \left\{ r^2 e^{2y}\left[1 - \dfrac{r e^y}{\sqrt{c^2 + r^2 e^{2y}}} \right] - 2\,c^2 \right\}$ $n^{(22)} = \dfrac{p\,(c^2 + r^2 e^{2y})}{3\,c^3 e^{2y}} \left\{ r^2 e^{2y}\left[1 - \dfrac{r e^y}{\sqrt{c^2 + r^2 e^{2y}}} \right] + c^2 \right\}$

gegeben und werden die Belastungskomponenten nach (9.1) und (9.2) bestimmt, so lassen sich die »Störfunktionen« des Gleichgewichtssystems aus (8.8) berechnen. Die Aufgabe besteht dann in der Lösung des folgenden partiellen Differentialgleichungssystems:

$$\frac{\partial S(x,y)}{\partial x} - \frac{\partial T(x,y)}{\partial y}$$

$$- \frac{p\,r^2}{\sqrt{c}}\;\frac{\{r^2\,\mathrm{ch}^2\,(\alpha-y)\,[3+\mathrm{ch}^2\,(\alpha-y)]+2\,c^2\,[1+\mathrm{ch}^2\,(\alpha-y)]\}}{\mathrm{sh}^5\,(\alpha-y)\,\sqrt{c^2+r^2\,\mathrm{ch}^2\,(\alpha-y)}}=0$$

$$\frac{\partial T(x,y)}{\partial x} + \frac{\partial S(x,y)}{\partial y} = 0.$$

Dieses System ist vom Typ (7.2) und hat die in 5. gefundene Lösung (7.3). Wegen der Unabhängigkeit der »Störfunktionen« von der Variablen x nimmt das Lösungspaar eine einfache Gestalt an:

$$S(x,y) = 0$$

$$T(x,y) = \int_0^y \Phi_1(x,\tau)\,d\tau + T(x,0). \tag{9.4}$$

Der Randwert $T(x,0)$ muß unter Berücksichtigung der Forderung $S(x,0)=0$ so bestimmt werden, daß die physikalischen Schnittkräfte $n^{(ik)}$ in jedem »endlichen« Flächenpunkt (gemeint sind alle Punkte der Fläche, ausgenommen die auf der Kurve $y=\alpha$) beschränkt sind. In diesem Fall müssen alle Funktionen auf ihr Verhalten im »höchsten« Flächenpunkt $y=+\infty$ untersucht werden.
Nach Ausführung der Integration und Bestimmung des konstanten Randwertes $T(x,0)$ ergeben sich mit

$$S(x,y) = 0$$

$$T(x,y) = -\frac{p\,r^2}{2\sqrt{c}}\left\{r+\sqrt{r^2(v_2+1)^2+c^2(2\,v_2+1)}\;\frac{(2+6\,v_2-3\,v_2^2-v_2^3)}{v_2^4}\right.+$$

$$\left.-\frac{c^2}{\sqrt{r^2+c^2}}\;\log\frac{\sqrt{r^2+c^2}\,(1+v_2)+\sqrt{r^2(v_2+1)^2+c^2(2\,v_2+1)}}{-v_2[r+\sqrt{r^2+c^2}]}\right\}$$

(wobei $v_2 = \frac{1}{2}\,[e^{2\,(\alpha-y)}-1]$ gilt) die Funktionen $n^{(ik)}$ nach (7.4), (7.5). Das Ergebnis ist in Tab. 3 aufgeführt.

9.1.3 Das Rotationsparaboloid

Der Berechnung wird die Darstellung (7.1) zugrunde gelegt (vgl. Abb. 7)

$$\mathfrak{r}(x,y) = \left\{\frac{r\cos x}{e^y},\;\frac{r\sin x}{e^y},\;\frac{c}{2\,e^{2\,y}}\right\}. \tag{9.5}$$

Die auf das örtliche Dreibein $\mathfrak{r}_1, \mathfrak{r}_2, \mathfrak{r}_3$ bezogenen Belastungskomponenten X^i des Eigengewichts erhält man nach Lösung des Gleichgewichtssystems $P^i \mathfrak{e}_i = X^i \mathfrak{r}_i$ zu:

$$X^1 = 0, \quad X^2 = \frac{pce^{2y}}{c^2 + r^2 e^{2y}}, \quad X^3 = -\frac{pre^y}{\sqrt{c^2 + r^2 e^{2y}}}.$$

Das Gleichgewichtssystem der Membrantheorie in der Form (7.2) nimmt für die Eigengewichtsbelastung der Fläche (9.5) folgende Gestalt an:

$$\frac{\partial S(x,y)}{\partial x} - \frac{\partial T(x,y)}{\partial y} - \frac{pr^2}{\sqrt{c}} \frac{[2\,c^2 + r^2 e^{2y}]}{e^{3y}\sqrt{c^2 + r^2 e^{2y}}} = 0$$

$$\frac{\partial T(x,y)}{\partial x} + \frac{\partial S(x,y)}{\partial y} = 0,$$

wobei die Darstellung (8.8) Verwendung fand.

Diese Gleichungen sind vom elliptischen Typ. Wegen der Unabhängigkeit der »Störfunktionen« von der Variablen x nimmt die Lösung (7.3) dieses Systems die bekannte einfache Gestalt (9.4) an.

Die Integration bietet keine Schwierigkeiten. Aus der Forderung nach endlichen physikalischen Schnittkräften im höchsten Flächenpunkt ($y = +\infty$) bei schubspannungsfreier Lagerung ($S(x, 0) = 0$) wird der Randwert $T(x, 0)$ bestimmt. Das Lösungspaar S, T wird dann

$$S(x,y) = 0$$

$$T(x,y) = -\frac{pr^2}{\sqrt{c}} \left\{ \sqrt{c^2 + r^2 e^{2y}} \cdot \left(\frac{r^2 e^{2y} - 2\,c^2}{3\,c^2 e^{3y}} \right) - \frac{r^3}{3\,c^2} \right\}$$

und gestattet die Berechnung der physikalischen Schnittgrößen nach (7.4), (7.5). Das Ergebnis ist in Tab. 3 aufgeführt und stimmt mit dem in [12], S. 99 überein.

9.2 Das allgemeine Ellipsoid

Die Berechnung der Membranspannungen einer allgemeinen Fläche zweiter Ordnung mit positivem Gaussschen Krümmungsmaß unter Eigengewichtsbelastung erfordert einen bedeutenden Rechenaufwand. Aus diesem Grund und wegen der Analogie der Aufgabenstellung bei den drei Flächen allgemeines Ellipsoid, zweischaliges elliptisches Hyperboloid, elliptisches Paraboloid soll die Berechnungsmethode an Hand eines in der $\mathfrak{e}_1, \mathfrak{e}_2$-Ebene[9] gestützten allgemeinen Ellipsoids dargestellt werden.

Die Fläche sei durch die Parameterdarstellung

$$\mathfrak{r}(x,y) = \left\{ \frac{a \cos x}{\operatorname{ch} y}, \frac{b \sin x}{\operatorname{ch} y}, c \operatorname{tgh} y \right\} \tag{9.6}$$

[9] Siehe Abb. 3.

gegeben. Unter der Annahme, daß das Eigengewicht in $\mathfrak{e}_3$-Richtung wirkt, bestimmen sich die Belastungskomponenten bezüglich des örtlichen Koordinatensystems $\mathfrak{r}_1, \mathfrak{r}_2, \mathfrak{r}_3$ nach (9.1) und (9.2) zu

$$X^1 = \frac{pc(a^2 - b^2)\sin x \cos x \operatorname{sh} y \operatorname{ch} y}{a^2 b^2 \operatorname{sh}^2 y + c^2(a^2 \sin^2 x + b^2 \cos^2 x)}$$

$$X^2 = -\frac{pc \operatorname{ch}^2 y (a^2 \sin^2 x + b^2 \cos^2 x)}{a^2 b^2 \operatorname{sh}^2 y + c^2(a^2 \sin^2 x + b^2 \cos^2 x)} \tag{9.7}$$

$$X^3 = \frac{-pab \operatorname{sh} y}{\sqrt{a^2 b^2 \operatorname{sh}^2 y + c^2(a^2 \sin^2 x + b^2 \cos^2 x)}} \, .$$

Die Störfunktionen $\Phi_1(x,y)$, $\Phi_2(x,y)$ für das System der Differentialgleichungen (7.2) des momentenfreien Spannungszustandes werden vorteilhaft nach (8.8) berechnet. Unter Verwendung von (9.7) ergibt sich für die Mittelfläche (9.6) ein System (7.2) mit den »Störfunktionen«

$$\Phi_1(x,y) = p \sqrt{\frac{ab}{c}} \; \frac{[a^2 b^2 \operatorname{sh}^2 y (3 - \operatorname{sh}^2 y) + 2 c^2 (1 - \operatorname{sh}^2 y)(a^2 \sin^2 x + b^2 \cos^2 x)]}{\operatorname{ch}^5 y \sqrt{a^2 b^2 \operatorname{sh}^2 y + c^2(a^2 \sin^2 x + b^2 \cos^2 x)}}$$

$$\Phi_2(x,y) = 0. \tag{9.8}$$

Werden wieder in allen Flächenpunkten endliche physikalische Schnittkräfte $n^{(ik)}$ gefordert, so gelangt man zu Aussagen über die sinnvolle Wahl der Anfangswerte.

Sind die Funktionen $S(\xi,y)$, $T(\xi,y)$ in der komplexen ξ-Ebene holomorph, so ist (5.15) eine Lösung des Systems (7.2). Das Integral

$$I_1 = \int_0^y \Phi_1[x + i(y - \tau), \tau] \, d\tau$$

hat die Eigenschaft, im »höchsten« Flächenpunkt ($y = +\infty$) wie e^{2y} gegen Unendlich zu streben.

Nach (7.4), (7.5) sind dann die physikalischen Schnittkräfte ebenfalls unbeschränkt. Die Funktionen $S(z, 0)$, $T(z, 0)$ in (5.13) werden deshalb so gewählt, daß sämtliche Anteile von I_1, die nicht wie e^{-2y} im Punkte $y = +\infty$ gegen Null streben, ausgeglichen werden.

Fordert man $n^{(12)}(x, 0) = 0$, also Schubspannungsfreiheit auf dem Rande, so muß $T(z, 0)$ in folgender Form gewählt werden:

$$T(z, 0) = -p \sqrt{\frac{ab}{c}} \left\{ ab \left[\frac{1}{2} + \frac{U}{V} \left(\frac{a^2 b^2}{V} - \frac{1}{4} \right) - \frac{1}{16} \frac{U^2}{V^2} \left(14 + 5 \frac{U}{V} \right) \right] + \right.$$

$$+ \frac{U}{V} \sqrt{b^2 c^2 + c^2(a^2 - b^2) \sin^2 z} \left[\frac{7}{12} - \frac{a^2 b^2}{3V} + \frac{U}{V} \left(\frac{13}{12} + \frac{5}{16} \frac{U}{V} \right) \right] +$$

$$+ \frac{(2 a^2 b^2 - a^2 c^2 - b^2 c^2)}{4 \sqrt{V}} \left[\frac{a^2 b^2}{V} - 1 + \frac{U}{2V} \left(1 - \frac{3 a^2 b^2}{V} \right) + \right.$$

$$\left. + \frac{1}{8} \frac{U^2}{V^2} \left(14 + 5 \frac{U}{V} \right) \right] \log \frac{2\sqrt{V}\sqrt{b^2 c^2 + c^2(a^2 - b^2)\sin^2 z} - U}{2 ab \sqrt{V} - 2V + U} \right\}$$

(9.9)

mit

$$U = c^2(a^2 - b^2)(1 - 2\sin^2 z)$$

$$V = a^2(b^2 - c^2) + c^2(a^2 - b^2)\sin^2 z.$$

Mit der Wahl von $S(z, 0) = 0$ und (9.9) ist zwar erreicht, daß die physikalischen Schnittkräfte im »höchsten« Flächenpunkt endlich sind, doch werden nun die Schnittkräfte $n^{(ik)}$ in den Nabelpunkten der Fläche unendlich (vgl. Abb. 11). Der Versuch, mit $S(z, 0) \neq 0$ diese Singularität auszugleichen, gelingt nicht; es ist für $S(x, y)$ keine in der 1. Variablen analytische Funktion möglich.

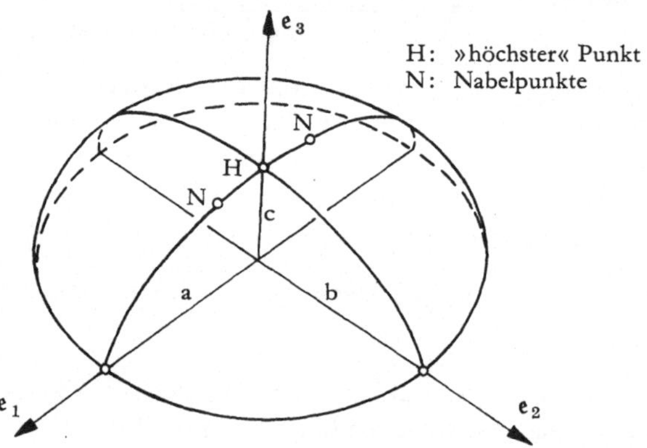

Abb. 11

Die Funktionen $S(x, \xi)$, $T(x, \xi)$ seien in der komplexen ξ-Ebene holomorph. Dann stellt nach (6.5)

$$S(x, y) = - \int_0^x \operatorname{Re} \Phi_1[\tau, i(\tau - z)]\, d\tau + \operatorname{Re} S(0, -iz) - \operatorname{Im} T(0, -iz)$$

$$T(x, y) = - \int_0^x \operatorname{Im} \Phi_1[\tau, i(\tau - z)]\, d\tau + \operatorname{Im} S(0, -iz) + \operatorname{Re} T(0, -iz)$$

(9.10)

eine Lösung der Aufgabe (7.2) dar, und es gelingt, mit $S(0, z) = 0$ eine Funktion $T(0, z)$ zu konstruieren, derart daß

a) die physikalischen Schnittgrößen in allen Flächenpunkten endlich sind

b) die Funktion $T(0, z)$ für reelle Werte z reellwertig ist und

c) der Übergang des Lösungspaares S, T in die Lösung (9.3) der rotationssymmetrischen Fläche gewährleistet ist:

$$S(0, z) = 0$$

$$T(0, z) = -p\,\sqrt{\frac{ab}{c}}\,\left\{ ab \cdot A - B \log \frac{ab - \sqrt{b^2(a^2 - c^2)}}{ac} + \right.$$

$$+ \operatorname{tgh} z\,\sqrt{b^2 c^2 + b^2(a^2 - c^2)\operatorname{tgh}^2 z}\,[1 - \operatorname{tgh}^2 z + A] +$$

$$\left. + B \log \frac{\operatorname{tgh} z\,\sqrt{b^2(a^2 - c^2)} + \sqrt{b^2 c^2 + b^2(a^2 - c^2)\operatorname{tgh}^2 z}}{ac} \right\}$$

mit

$$A = \frac{3\,a^2\,(b^2 - c^2) + 2\,c^2\,(a^2 - b^2)}{6\,b^2\,(a^2 - c^2)}$$

und

$$B = \frac{a^2 c^2}{2\,\sqrt{b^2\,(a^2 - c^2)}}\;\frac{(a^2 b^2 - 2\,b^2 c^2 + a^2 c^2)}{b^2\,(a^2 - c^2)}\,. \tag{9.11}$$

Für $a = 1{,}2$, $b = 0{,}9$, $c = 0{,}6$ sind die Ergebnisse (9.10) mit (9.11) ausgewertet worden.

Die physikalischen Schnittkräfte sind axonometrisch in Abb. 12 und 13 über der x,z-Ebene dargestellt.

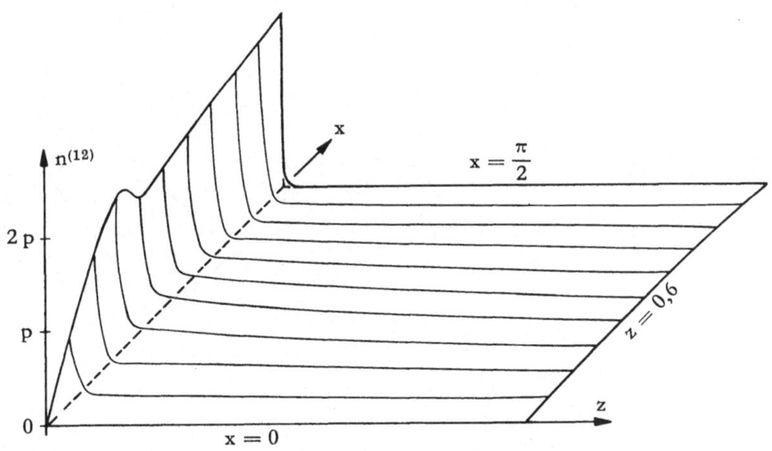

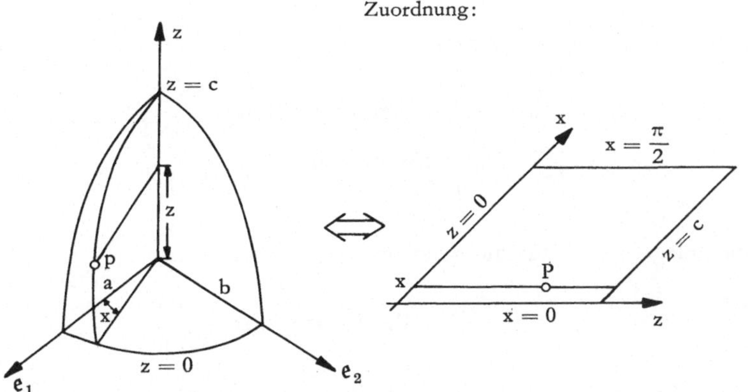

Abb. 12

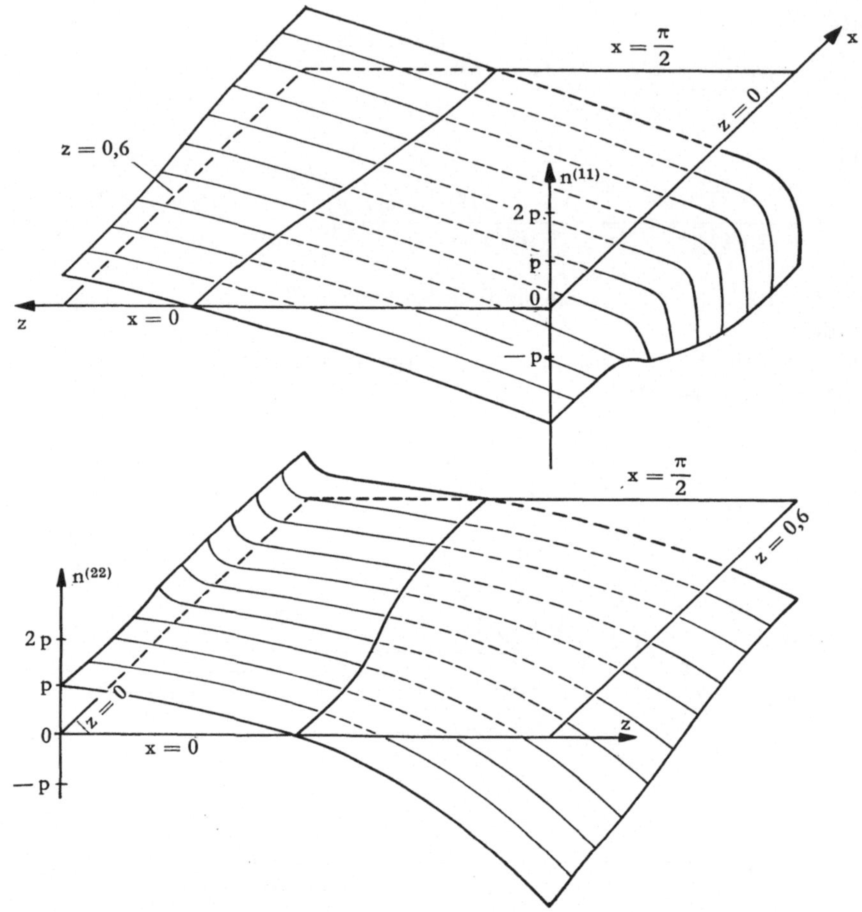

Abb. 13

10. Die Kugel unter Winddruck

Wird der Fläche die Gausssche Parameterdarstellung

$$\mathfrak{r}(x,y) = \left\{ \frac{r \cos x}{\operatorname{ch} y}, \ \frac{r \sin x}{\operatorname{ch} y}, \ r \operatorname{tgh} y \right\}$$

zugrunde gelegt, so gilt für die Belastungskomponenten nach [1] und [12]:

$$X^1 = 0, \ X^2 = 0, \ X^3 = - p_w \cdot \frac{\cos x}{\operatorname{ch} y} \, .$$

Die »Störfunktionen« des Differentialgleichungssystems (7.2) werden zweckmäßig nach (8.8) berechnet, wobei alle von der Belastung unabhängigen Ortsfunktionen

64

eines allgemeinen Ellipsoids für den Sonderfall $a = b = c = r$ aus 8. verwendet werden können. Die Differentialgleichungen des Gleichgewichtssystems lauten dann:

$$\frac{\partial S(x,y)}{\partial x} - \frac{\partial T(x,y)}{\partial y} - \frac{2\,p_w r^2 \sqrt{r}\,\cos x\,\operatorname{sh} y}{\operatorname{ch}^4 y} = 0$$

$$\frac{\partial T(x,y)}{\partial x} + \frac{\partial S(x,y)}{\partial y} = 0. \tag{9.12}$$

Dieses elliptische System vom Typ (7.2) hat nach (7.3) die Lösung

$$S(x,y) = -\int_0^y \operatorname{Im} \Phi_1[x + i(y-\tau), \tau]\,d\tau - \operatorname{Im} T(x+iy, 0) + \operatorname{Re} S(x+iy, 0)$$

$$T(x,y) = +\int_0^y \operatorname{Re} \Phi_1[x + i(y-\tau), \tau]\,d\tau + \operatorname{Re} T(x+iy, 0) + \operatorname{Im} S(x+iy, 0). \tag{9.13}$$

$\Phi_1(x,y)$ ist die »Störfunktion« des Systems (9.12). Das Integral

$$\int_0^y \Phi_1[x + i(y-\tau), \tau]\,d\tau = -p_w r^2 \sqrt{r}\left\{ \frac{\cos z}{2}\left(1 - \frac{1}{\operatorname{ch}^2 y}\right) + \frac{i\,\sin z}{3}\,\operatorname{tgh}^3 y \right\}$$

mit $\;z = x + iy$

enthält zwei Terme, die im Punkte $y = +\infty$ (d. h. im »höchsten« Punkt der Kugel) unendlich werden. Die Randwerte in (9.13) sind so zu wählen, daß die nach (7.4), (7.5) zu berechnenden physikalischen Schnittkräfte endlich werden. Für das Lösungspaar (9.13) bedeutet diese Forderung:

$$\lim_{y \to +\infty} S(x,y) = 0 \quad \text{und} \quad \lim_{y \to +\infty} T(x,y) = 0.$$

Sie läßt sich mit den Randwerten

$$S(z, 0) = -\frac{2}{3}\,p_w r^2 \sqrt{r}\,\sin z$$

$$T(z, 0) = -\quad p_w r^2 \sqrt{r}\,\cos z$$

erfüllen. Die Lösung des Systems (9.12) lautet nun nach (9.13) mit $p_w = p$:

$$S(x,y) = -\frac{p r^2 \sqrt{r}\,\sin x}{3}\left[2\,\operatorname{ch} y - 2\,\operatorname{sh} y - \frac{\operatorname{sh} y}{\operatorname{ch}^2 y} \right]$$

$$T(x,y) = -\frac{p r^2 \sqrt{r}\,\cos x}{3}\left[2\,\operatorname{sh} y - 2\,\operatorname{ch} y + \frac{1}{\operatorname{ch} y} - \frac{2}{\operatorname{ch}^3 y} \right].$$

Für die physikalischen Schnittgrößen ergibt sich eine mit [1] übereinstimmende Lösung:

$$n^{(11)} = \frac{-pr\cos x\,\mathrm{ch}^2 y}{3}\left\{2\,\mathrm{sh}\,y - 2\,\mathrm{ch}\,y + \frac{1}{\mathrm{ch}\,y} - \frac{2}{\mathrm{ch}^3 y}\right\}$$

$$n^{(12)} = n^{(21)} = \frac{pr\sin x\,\mathrm{ch}^2 y}{3}\left\{2\,\mathrm{ch}\,y - 2\,\mathrm{sh}\,y - \frac{\mathrm{sh}\,y}{\mathrm{ch}^2 y}\right\}$$

$$n^{(22)} = \frac{pr\cos x\,\mathrm{ch}^2 y}{3}\left\{2\,\mathrm{sh}\,y - 2\,\mathrm{ch}\,y + \frac{1}{\mathrm{ch}\,y} + \frac{1}{\mathrm{ch}^3 y}\right\}.$$

Dieses Ergebnis wird auch in [12], S. 95 erwähnt.

11. Numerische Angaben

Die Ergebnisse aus 8. und 9. ermöglichen den Vergleich der physikalischen Schnittkräfte verschiedener Flächen zweiter Ordnung mit gemeinsamer Stützkurve und gleicher Höhe. Die Größe der Schnittkräfte darf jedoch nicht der einzige Gesichtspunkt bei der Auswahl einer Fläche sein[10].
Betrachtet wird die Gesamtheit der Rotationsflächen zweiter Ordnung, die als Meridian einen Kegelschnitt des Büschels (vgl. Abb. 14)

$$R^2(\eta - c)^2 - c^2\xi^2 + \lambda(R^2\eta^2 + c^2\xi^2 - R^2c^2) = 0 \tag{10.1}$$

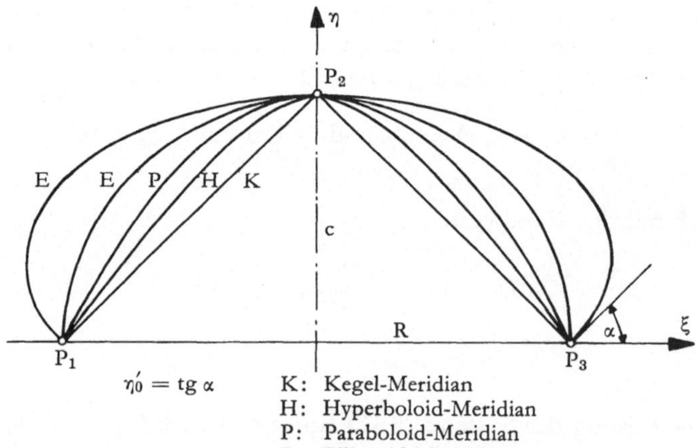

Abb. 14 Schnittkräfte für ein allgemeines Ellipsoid unter Eigengewicht nach (9.10) mit (9.11)

[10] Siehe auch [11] S. 113, wo ein Vergleich von vier Flächen zweiter Ordnung durchgeführt wird.

66

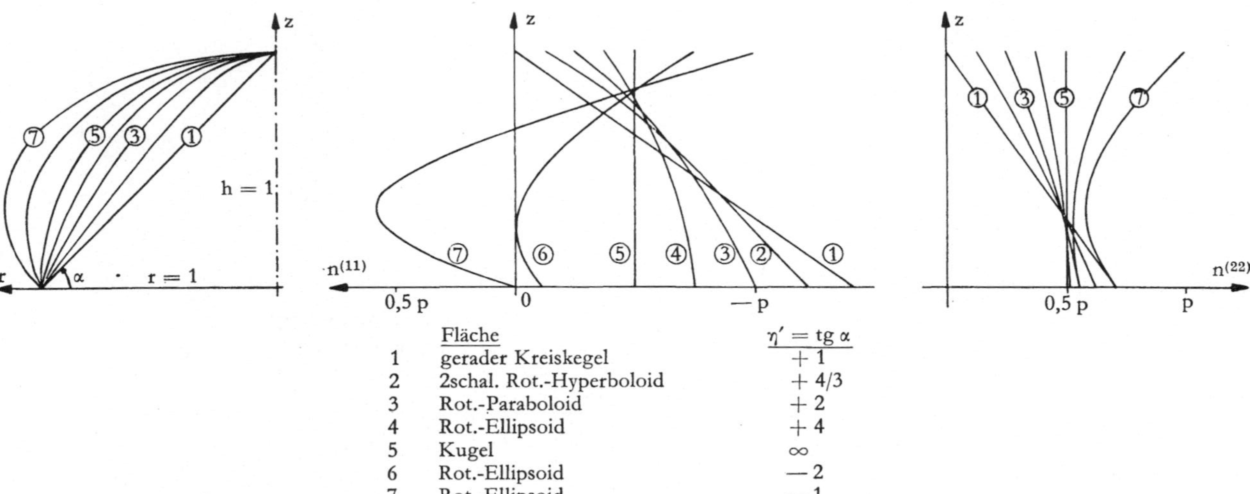

	Fläche	$\eta' = \operatorname{tg} \alpha$
1	gerader Kreiskegel	$+1$
2	2schal. Rot.-Hyperboloid	$+4/3$
3	Rot.-Paraboloid	$+2$
4	Rot.-Ellipsoid	$+4$
5	Kugel	∞
6	Rot.-Ellipsoid	-2
7	Rot.-Ellipsoid	-1

Abb. 15 Schnittkräfte für ein allgemeines Ellipsoid unter Eigengewicht nach (9.10) mit (9.11)

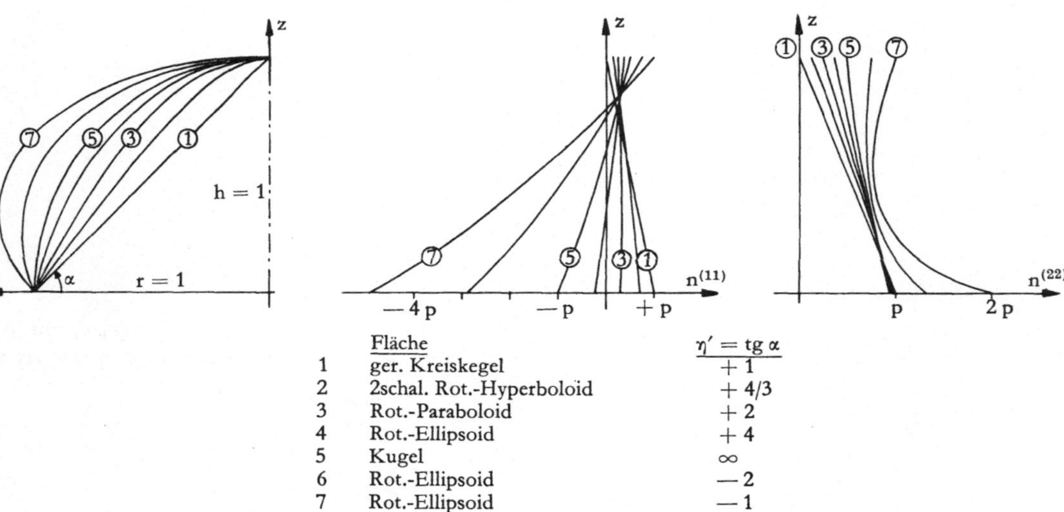

	Fläche	$\eta' = \operatorname{tg}\alpha$
1	ger. Kreiskegel	+ 1
2	2schal. Rot.-Hyperboloïd	+ 4/3
3	Rot.-Paraboloid	+ 2
4	Rot.-Ellipsoid	+ 4
5	Kugel	∞
6	Rot.-Ellipsoid	− 2
7	Rot.-Ellipsoid	− 1

Abb. 16 Rotations-Flächen zweiter Ordnung ($K \geqq 0$) bei Normaldruck-Belastung (Membrantheorie)

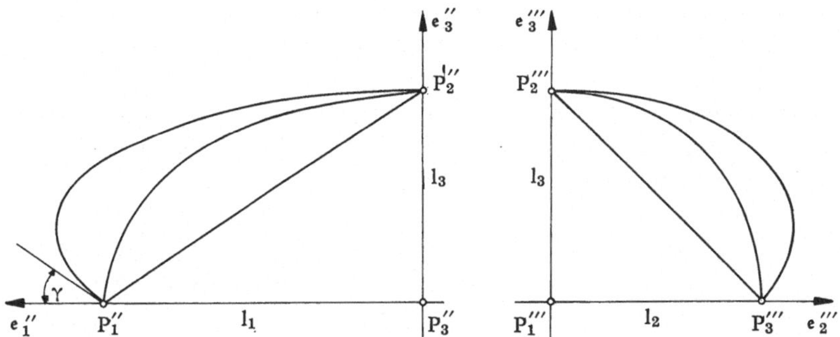

Abb. 17 Rotations-Flächen zweiter Ordnung ($K \geqq 0$) bei Eigengewichts-Belastung (Membrantheorie)

besitzen. Alle durch Rotation erzeugten Flächen besitzen den gleichen Grundkreis vom Radius R und erheben sich bis zur Höhe c. Mit Ausnahme der »zerfallenden« Fläche (Kegel) hat jede Schalenmittelfläche im höchsten Punkt die gleiche horizontale Tangentialebene. Dem Büschel gehören die Flächentypen Kreiskegel, zweischaliges Rotationshyperboloid, Rotationsparaboloid, Rotationsellipsoid und als Sonderfall des letzten die Kugel an.

Das Kegelschnittbüschel (10.1) besitzt die beiden einfach zählenden Grundpunkte P_1 und P_3 und den doppeltzählenden Grundpunkt P_2. Als Büschelparameter wird der Anstieg η'_0 im Punkte $(\eta = 0,\ \xi = R)$ gewählt. Damit nimmt die Gleichung des Büschels folgende Gestalt an:

$$\frac{\left[\eta - \dfrac{c^2}{(2\,c + R\eta'_0)}\right]^2}{\dfrac{c^2(R\eta'_0 + c)^2}{(2\,c + R\eta'_0)^2}} + \frac{\xi^2}{\dfrac{R(R\eta'_0 + 2\,c)^2}{\eta'_0(2\,c + R\eta'_0)}} = 1\,.$$

Für $R = c$ wird ein Vergleich der Schnittkräfte dieser Flächen bezüglich der beiden in 8. und 9. behandelten Belastungsarten durchgeführt. Die Ergebnisse[11] sind den Abb. 15 und 16 zu entnehmen. Sie bestätigen die Vermutung, daß beim stetigen Übergang der Flächen von einem Typ zum anderen auch die Schnittkräfte stetig in die des anderen Typs übergehen. Dieser Vergleich stellt damit eine zusätzliche Kontrolle der Ergebnisse aus 8. und 9. dar, die für die Berechnung von Rotationsflächen (die physikalischen Schnittgrößen sind für viele Fälle bereits bekannt) zwar unwesentlich ist, für allgemeine Flächen zweiter Ordnung aber eine große Bedeutung besitzt. Die richtige Berechnung der Schnittkräfte dieser Flächen wird nämlich einzig dadurch geprüft, daß der stetige Übergang zur rotationssymmetrischen Entartung garantiert wird.

Der Vergleich der Schnittgrößen allgemeiner Flächen zweiter Ordnung unter Normaldruck soll an Hand von Abb. 17 erläutert werden. Die Schalenmittel-

---

[11] Die Rechnungen wurden auf der DVA Sie 2002 des Rechenzentrums der Technischen Hochschule Aachen durchgeführt.

flächen besitzen dieselbe Ellipse mit den Hauptachsen l_1 und l_2 als Stützkurve und erheben sich bis zur Höhe l_3. Die Abbildung zeigt Kreuzriß und Aufriß der betrachteten Flächen.

Als Parameter wird $\operatorname{tg} \gamma$, der Anstieg des Kegelschnittes der e_1, e_2-Ebene im Punkte P_1, gewählt. Durch ihn wird der Typ der Fläche bestimmt wie aus folgender Tabelle hervorgeht.

$-\infty \leqq \operatorname{tg} \gamma < -\dfrac{2\,l_3}{l_1}$ $0 < \operatorname{tg} \gamma \leqq +\infty$	allgemeines Ellipsoid
$\operatorname{tg} \gamma = -\dfrac{2\,l_3}{l_1}$	Paraboloid
$-\dfrac{2\,l_3}{l_1} < \operatorname{tg} \gamma < -\dfrac{l_3}{l_1}$	zweischaliges Hyperboloid

Die Konstanten in den Parameterdarstellungen (8.14), (8.19) und (7.1) sind Funktionen des Parameters. Es gilt für ein Ellipsoid:

$$a = \frac{l_1(l_3 + l_1 \operatorname{tg} \gamma)}{\sqrt{l_1 \operatorname{tg} \gamma (2\,l_3 + l_1 \operatorname{tg} \gamma)}} \qquad c = \frac{l_3(l_3 + l_1 \operatorname{tg} \gamma)}{(2\,l_3 + l_1 \operatorname{tg} \gamma)}$$

$$b = \frac{l_2(l_3 + l_1 \operatorname{tg} \gamma)}{\sqrt{l_1 \operatorname{tg} \gamma (2\,l_3 + l_1 \operatorname{tg} \gamma)}} \qquad \alpha = \frac{1}{2} \log \frac{l_1 \operatorname{tg} \gamma}{2\,l_3 + l_1 \operatorname{tg} \gamma}$$

für ein Paraboloid:

$$a = l_1, \quad b = l_2, \quad c = -2\,l_3, \quad \operatorname{tg} \gamma = -\frac{2\,l_3}{l_1}$$

und für ein zweischaliges Hyperboloid:

$$a = \frac{l_1(l_3 + l_1 \operatorname{tg} \gamma)}{\sqrt{-l_1 \operatorname{tg} \gamma (2\,l_3 + l_1 \operatorname{tg} \gamma)}} \qquad c = \frac{-l_3(l_3 + l_1 \operatorname{tg} \gamma)}{(2\,l_3 + l_1 \operatorname{tg} \gamma)}$$

$$b = \frac{l_2(l_3 + l_1 \operatorname{tg} \gamma)}{\sqrt{-l_1 \operatorname{tg} \gamma (2\,l_3 + l_1 \operatorname{tg} \gamma)}} \qquad \alpha = \frac{1}{2} \log \frac{2\,l_3 + l_1 \operatorname{tg} \gamma}{-l_1 \operatorname{tg} \gamma}.$$

Bei Kenntnis dieser Werte läßt sich für jedes feste η_0' die Größe der physikalischen Schnittkräfte mit Hilfe der Ergebnisse in Tab. 1 berechnen. Das Ergebnis für die physikalischen Schnittkräfte $n^{(11)}$ für verschiedene Flächen des Büschels ist in den Abb. 18 und 19 axonometrisch dargestellt. Beim stetigen Übergang der Flächen von einem Typ zum anderen gehen auch die Schnittkräfte $n^{(11)}$ stetig ineinander über. (Lediglich beim Kegel ergibt sich eine Singularität für alle Schnittkräfte in der Kegelspitze.)

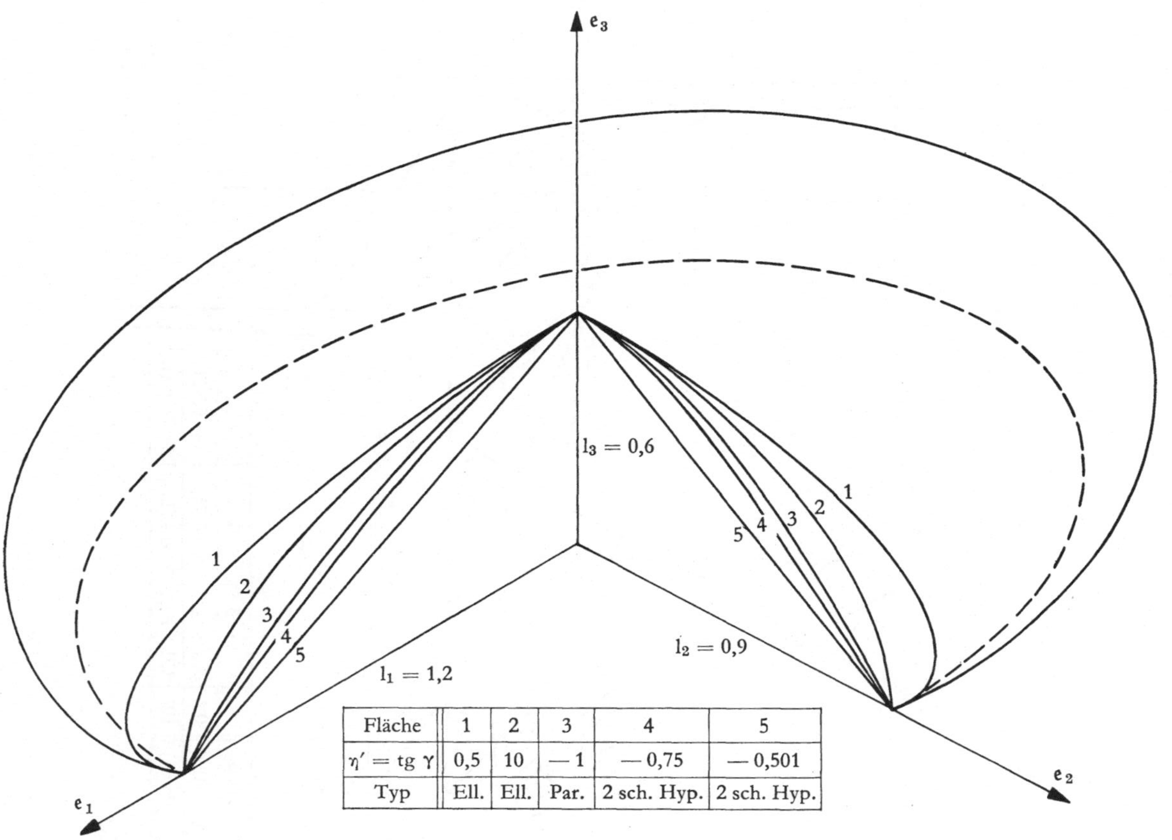

Fläche	1	2	3	4	5
$\eta' = \operatorname{tg}\gamma$	0,5	10	-1	$-0,75$	$-0,501$
Typ	Ell.	Ell.	Par.	2 sch. Hyp.	2 sch. Hyp.

Abb. 18

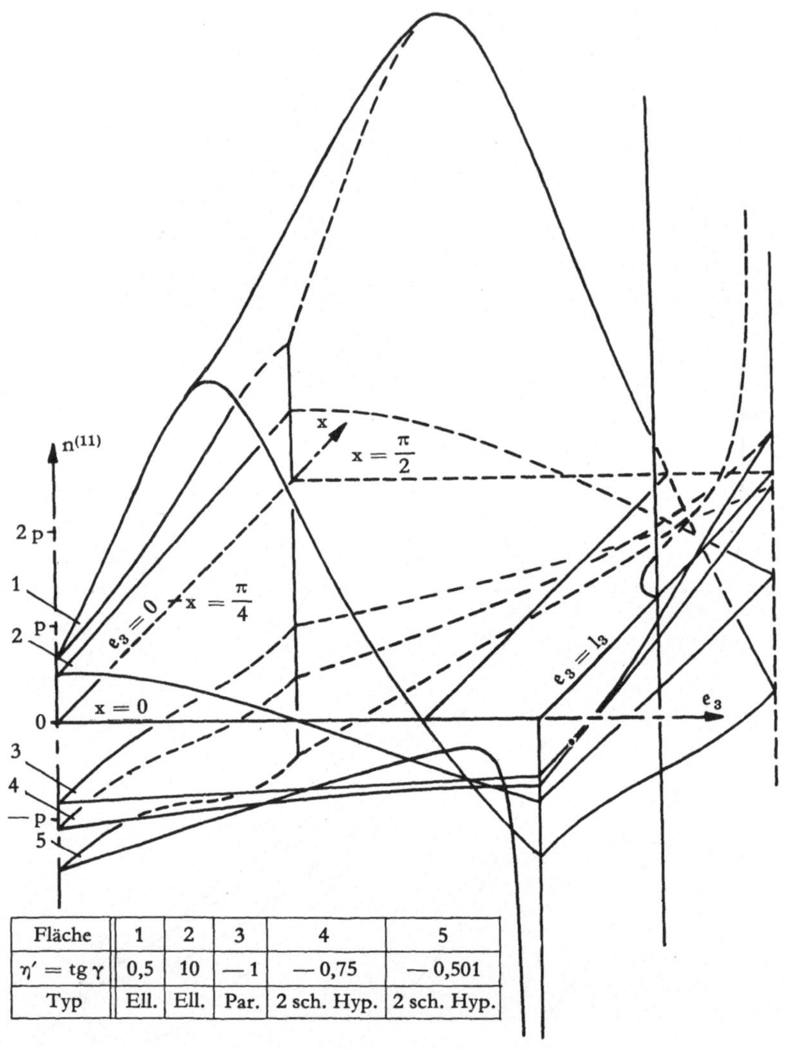

Fläche	1	2	3	4	5
$\eta' = \mathrm{tg}\,\gamma$	0,5	10	— 1	— 0,75	— 0,501
Typ	Ell.	Ell.	Par.	2 sch. Hyp.	2 sch. Hyp.

Abb. 19

Zusammenfassung

Es wurde gezeigt, daß sich bei Verwendung geeigneter Parameter die Differentialgleichungen des Membranspannungszustandes von Schalen, deren Mittelfläche
eine Fläche zweiter Ordnung darstellt, in ein System von zwei linearen partiellen
Differentialgleichungen erster Ordnung mit konstanten Koeffizienten der Glieder
in den Ableitungen und verschwindenden Koeffizienten der Glieder mit den
unbekannten Funktionen selbst überführen lassen. Mit Hilfe der $\mathfrak{L}^2$-Transfor-
mation läßt sich eine formal geschlossene Lösung angeben, die nur noch die Ausführung von Quadraturen erfordert, so daß damit eine einheitliche Behandlung
und Lösung des Membranspannungszustandes für Schalen mit einer beliebigen
Fläche zweiter Ordnung als Mittelfläche gegeben ist. Für den praktisch allein
interessierenden Fall, daß eine der Hauptachsen der Mittelfläche vertikal verläuft,
läßt sich auf diesem Wege die Berechnung bei schubspannungsfreier Lagerung auf
einer beliebigen horizontalen Randkurve und beliebigen Belastungen (Störfunktionen) ausführen. Die Normalspannung längs der Randkurve ist bei schub-
spannungsfreiem Rand jeweils aus der Forderung, daß die Schnittkräfte für alle
Punkte der Mittelfläche endlich bleiben sollen, festgelegt.
Die gewonnenen Resultate werden mit den von verschiedenen Autoren für
Einzelprobleme mit rotationssymmetrischen Mittelflächen auf verschiedenen
Wegen gewonnenen Werten verglichen. Es ergibt sich durchweg Überein-
stimmung bzw. stetiger Übergang in die Werte des rotationssymmetrischen
Falles.
Die hier entwickelte Methode wird an einer Reihe von Beispielen numerisch
erprobt. Die gewonnenen Ergebnisse sind in Tabellen, Diagrammen und axono-
metrischen Schaubildern dargestellt. Besonders instruktiv ist die abschließende
Behandlung eines »Büschels von Schalen«, deren Mittelflächen einem Büschel von
Rotationsflächen zweiter Ordnung angehören. Beim stetigen Übergang der
Flächen des Büschels von einem Typ zum anderen gehen auch die zugehörigen
Schnittkräfte stetig in die des anderen Typs über.

Literaturverzeichnis

[1] BEYER, K., Die Statik im Stahlbetonbau. Berlin 1948.

[2] BIANCHI, L., Vorlesungen über Differentialgeometrie. Leipzig 1910.

[3] DOETSCH, G., und D. VOELKER, Die zweidimensionale Laplace-Transformation. Basel 1950.

[4] FLÜGGE, W., Statik und Dynamik der Schalen. Berlin 1957.

[5] GECKELER, J. W., Handbuch der Physik, Bd. 6.

[6] GOLDENWEISER, A. L., Die Membrantheorie der Schalen für Flächen zweiter Ordnung. Angewandte Mathematik und Mechanik, Bd. XI, H. 2, Moskau 1947, S. 285–290.

[7] GREEN, A. E., and W. ZERNA, Theoretical Elasticity. Oxford 1960.

[8] HAAS, A. M., Design of thin concrete shells, Bd. 1. New York–London 1962.

[9] HELLWIG, G., Partielle Differentialgleichungen. Stuttgart 1960.

[10] MELTZOW, O., Über Randwertprobleme des Membranspannungszustandes von Schalen, deren Mittelflächen einer gewissen Flächenklasse angehören, und deren Lösung mittels der $\mathfrak{L}^2$-Transformation. Dissertation, Aachen 1963.

[11] NOVOSHILOV, V. V., Die Theorie dünner Schalen (engl. 1951).

[12] PFLÜGER, A., Elementare Schalenstatik. Springer-Verlag 1957.

[13] REUTTER, F., Eine Anwendung des absoluten Parallelismus auf die Schalentheorie. ZAMM 22 (1942), H. 2, S. 87–98.

[14] VEKUA, I. N., Systeme von Differentialgleichungen erster Ordnung vom elliptischen Typus und Randwertaufgaben. Berlin 1956.

[15] WLASSOW, W. S., Allgemeine Schalentheorie und ihre Anwendung in der Technik. Berlin 1958.

[16] ZERNA, W., Zur neueren Entwicklung der Schalentheorie. ZAMM 41 (1961), H. 3, S. 97–101.

FORSCHUNGSBERICHTE
DES LANDES NORDRHEIN-WESTFALEN

Herausgegeben im Auftrage des Ministerpräsidenten Dr. Franz Meyers
vom Landesamt für Forschung, Düsseldorf

MATHEMATIK

HEFT 1290
Dr. rer. nat. Wolf-Dietrich Meisel,
Rhein.-Westf. Institut für Instrumentelle Mathematik,
Bonn
Zur Simulation einer digitalen Integrieranlage
mittels eines elektronischen Rechenautomaten
1963. 29 Seiten. DM 9,90

HEFT 1291
Dr. rer. nat. Gerhard Schröder, Rhein.-Westf. Institut für
Instrumentelle Mathematik, Bonn
Über die Konvergenz einiger Jacobi-Verfahren
zur Bestimmung der Eigenwerte symmetrischer
Matrizen
1964. 59 Seiten, 5 Tabellen. DM 48,50

HEFT 1306
Prof. Dr. E. Peschl und Dr. Karl Wilhelm Bauer,
Rheinisch-Westfälisches Institut
für Instrumentelle Mathematik, Bonn
Über eine nichtlineare Differentialgleichung 2. Ordnung, die bei einem gewissen Abschätzungsver-
fahren eine besondere Rolle spielt.
1964. 59 Seiten, 13 Abb. DM 43,50

HEFT 1307
Dipl.-Math. Jürgen R. Mankopf,
Rheinisch-Westfälisches Institut
für Instrumentelle Mathematik, Bonn
Über die periodischen Lösungen der VAN DER
POLschen Differentialgleichung $\ddot{x} + \mu\,(x^2 - 1)$
$\dot{x} + x = 0$
1964. 55 Seiten, 13 Abb., 10 Phasenbilder im Anhang.
DM 41,—

HEFT 1308
Dipl.-Math. Heinz Ober-Kassebaum, Rheinisch-West-
fälisches Institut für Instrumentelle Mathematik, Bonn
Über die P-Seperation der Schrödlinger-Gleichung
und der Laplace-Gleichung in Riemannschen
Räumen
1964. 68 Seiten. DM 42,50

HEFT 1316
Dr. Franz Kolberg,
Institut für Mathematik und Großrechenanlagen
der Rhein.-Westf. Technischen Hochschule Aachen
Direktor: Prof. Dr. Hubert Cremer
Theoretische Untersuchung des Begegnungs- oder
Überholungsvorganges von Schiffen
1964. 80 Seiten, 13 Abb. DM 76,50

HEFT 1317
Prof. Dr. Hubert Cremer und Dr. Franz Kolberg,
Institut für Mathematik und Großrechenanlagen
der Rhein.-Westf. Technischen Hochschule Aachen
Zur Stabilitätsprüfung von Regelungssystemen
mittels Zweiortskurvenverfahren
1964. 50 Seiten, 12 Abb. DM 35,50

HEFT 1367
Prof. Dr. rer. techn. Fritz Reutter und
Dr. phil. Johannes Knapp,
Institut für Geometrie und Praktische Mathematik
der Rhein.-Westf. Technischen Hochschule Aachen
Untersuchungen über die numerische Behandlung
von Anfangwertproblemen gewöhnlicher Differentialgleichungssysteme mit Hilfe von LIE-Reihen
und Anwendungen auf die Berechnung von Mehr-
körperproblemen
1964. 69 Seiten, 4 Seiten tabellarischer Anhang.
DM 49,50

HEFT 1374
Prof. Dr. E. Peschl und Dr. Karl Wilhelm Bauer,
Institut für Angewandte Mathematik
der Universität Bonn,
Rhein.-Westf. Institut für Instrumentelle Mathematik,
Bonn
Über nichtlineare Differentialgleichungen 2. Ord-
nung, die für eine Abschätzungsmethode bei par-
tiellen Differentialgleichungen vom elliptischen
Typus besonders wichtig sind
1964. 65 Seiten, 19 Abb. DM 49,80

HEFT 1395
Prof. Dr. rer. techn. Fritz Reutter und
Dr. rer. nat. Dieter Haupt,
Institut für Geometrie und Praktische Mathematik
der Rhein.-Westf. Technischen Hochschule Aachen
Untersuchungen auf dem Gebiete der praktischen
Mathematik
1964. 85 Seiten, 6 Abb., 10 Tabellen. DM 53,50

HEFT 1489
Prof. Dr. Johannes Blume, Strümp
Nachweis von Perioden durch Phasen- und Ampli-
tudendiagramm mit Anwendungen aus der Biologie,
Medizin und Psychologie
1965. 91 Seiten, 50 Abb., 2 Tabellen. DM 54,80

HEFT 1490
Christoph Heinrich und Dr. Joseph Hintzen,
Mathematischer Beratungs- und Programmierungsdienst
GmbH, Rechenzentrum Rhein-Ruhr, Dortmund
Berechnung längsstarrer Rahmen
Untersuchungen zur Beulwertberechnung von
Rechteckplatten
1965. 43 Seiten, 12 Abb. DM 28,80

HEFT 1519
Prof. Dr.-Ing. Wilhelm Fucks und Josef Lauter, Erstes
Physikalisches Institut der Rhein.-Westf. Technischen
Hochschule Aachen
Exaktwissenschaftliche Musikanalyse
1965. 59 Seiten, 42 Abb. DM 29,80

HEFT 1557
Prof. Dr. Paul Leo Butzer und Dipl.-Phys. Hermann
Schulte, Lehrstuhl für Mathematik (Analysis) der
Rhein.-Westf. Technischen Hochschule Aachen
Ein Operatorenkalkül zur Lösung gewöhnlicher
und partieller Differenzengleichungssysteme von
Funktionen diskreter Veränderlicher und seine
Anwendungen
1965. 53 Seiten, 3 Abb. DM 49,—

HEFT 1596
Dr. Franz Kolberg, Institut für Mathematik und Großrechenanlagen der Rhein.-Westf. Technischen Hochschule Aachen
Direktor: Prof. Dr. Hubert Cremer
Zur Theorie der Bewegung eines Schiffes bei begrenzten Fahrwasserverhältnissen
1966. 45 Seiten, 2 Abb. DM 49,20

HEFT 1690
Dr. rer. nat. Leonhard Gerhards, Rheinisch-Westfälisches Institut für Instrumentelle Mathematik, Bonn
Verallgemeinerte Isomorphie von Gruppenerweiterungen und kanonische Isomorphie Geleisscher Erweiterungskörper
In Vorbereitung

HEFT 1700
Prof. Dr. rer. techn. Fritz Reutter, Dr. rer. nat. Otto Meltzow und Dipl.-Math. Siegfried Stief, Institut für Geometrie und Praktische Mathematik an der Rhein.-Westf. Technischen Hochschule Aachen
Mathematische Untersuchungen zur Schalentheorie

HEFT 1710
Dipl.-Math., Dipl.-Phys. Norbert Latz, Institut für angewandte Physik und Elektrotechnik der Universität des Saarlandes
Direktor: Prof. Dr. G. Eckert
Untersuchungen über ebene Beugungsprobleme elektromagnetischer Wellen für rechtwinklig-keilförmige Gebiete. Ein Beitrag zur Theorie des Strahlungsfeldes dielektrischer Antennen
Joachim Ehrhardt, Institut für angewandte Physik und Elektrotechnik der Universität des Saarlandes
Direktor: Prof. Dr. G. Eckart
In Verbindung mit der Deutschen Gesellschaft für Ortung und Navigation e. V., Düsseldorf
Untersuchungen an dielektrischen Stielstrahlern über den Einfluß der Strahlungskopplung auf deren Fußpunktimpedanz
In Vorbereitung

HEFT 1713
Dipl.-Math. Hartmann Jochen Genrich, Rheinisch-Westfälisches Institut für Instrumentelle Mathematik, Bonn
Die automatische Aufstellung von Schulstundenplänen auf relationentheoretischer Grundlage
In Vorbereitung

HEFT 1730
Josef Lauter, Erstes Physikalisches Institut der Rhein.-Westf. Technischen Hochschule Aachen
Direktor: Prof. Dr.-Ing. W. Fucks
Untersuchungen zur Sprache von Kants »Kritik der reinen Vernunft«
In Vorbereitung

HEFT 1740
Dipl.-Math. Christian Clemens Fenske, Rheinisch-Westfälisches Institut für Instrumentelle Mathematik, Bonn
Beweisprogramme für die Prädikatenlogik und der Vollständigkeitssatz von Beth
In Vorbereitung

HEFT 1741
Dr. rer. nat. Wolfgang Hutter, Rheinisch-Westfälisches Institut für Instrumentelle Mathematik, Bonn
Zur algebraischen Kennzeichnung der Monome über einen Vektorraum
In Vorbereitung

Verzeichnisse der Forschungsberichte aus folgenden Gebieten können beim Verlag angefordert werden:

Acetylen/Schweißtechnik – Arbeitswissenschaft – Bau/Steine/Erden – Bergbau – Biologie – Chemie – Druck/Farbe/Papier/Photographie – Eisenverarbeitende Industrie – Elektrotechnik/Optik – Energiewirtschaft – Fahrzeugbau/Gasmotoren – Fertigung – Funktechnik/Astronomie – Gaswirtschaft – Holzbearbeitung – Hüttenwesen/Werkstoffkunde – Kunststoffe – Luftfahrt/Flugwissenschaften – Luftreinhaltung – Maschinenbau – Mathematik – Medizin/Pharmakologie – NE-Metalle – Physik – Rationalisierung – Schall/Ultraschall – Schiffahrt – Textilforschung – Turbinen – Verkehr – Wirtschaftswissenschaften.

Springer Fachmedien Wiesbaden GmbH
567 Opladen/Rhld., Ophovener Straße 1–3